Die in den Sitzungsberichten Abtlg. I und Abtlg. II a der math.-nat. Klasse der Österr. Ak. d. Wiss. erscheinenden Abhandlungen werden auch einzeln abgegeben. Sie können durch jede Buchhandlung oder direkt durch die Auslieferungsstelle der Österreichischen Akademie der Wissenschaften (Wien I, Singerstraße 12) bezogen werden.

Nachfolgende Abhandlungen aus den Fächern **Geologie, Mineralogie** und **Geographie** sind erschienen:

1950 (S I Bd. 159):

Cornelius H. P.: Zur Paläographie und Tektonik des alpinen Paläozoikums, 9 Seiten. S 7.—
Hanselmayer Josef: Petrographische Studien an Hochtrötsch-Diabasen einschließlich einer kurzen Charakteristik der mit ihnen auftretenden Tonschiefer, 10 Seiten. S 3.60
Küpper H.: Eiszeitspuren im Gebiet von Wien (mit 1 Tabelle), 7 Seiten. S 6.80
Schmidt Walter J.: Die Matreier Zone in Österreich, I. Teil, 41 Seiten. S 25.20
Stark M.: Die Grünschiefer der Kalkglimmerschiefer- Grünschiefer-Serie des Großarl- und Gasteiner Tales. 15 Seiten. S 8.30
Winkler v. Hermaden A.: Tertiäre Ablagerungen und junge Landformung im Bereiche des Längstales der Enns (mit 7 Textabbildungen), 25 Seiten. S 16.80

1951 (S I Bd. 160):

Hießleitner G. und Clar E.: Ein Beitrag zur Geologie und Lagerstättenkunde (Chromerz- und Nickellagerstätten) basischer Gesteinszüge in Griechenland (mit 1 Beilage und 4 Textabbildungen), 12 Seiten. S 11.—
Schmidt W. J.: Die Matreier Zone in Österreich, II. Teil (mit 1 Beilage: geologische Beschreibung mit 20 Profilen und 1 Karte), 49 Seiten. S 28.50
Stratil-Sauer G.: Stellungnahme zu einigen Auffassungen über das Flußlängsprofil (mit 3 Textabbildungen). 20 Seiten. S 7.—
Thurner A.: Die Puchberg- und Mariazeller Linie (mit 8 Textabb., Abb. 1 Beilage), 33 Seiten. S 19.—
Thurner A.: Tektonik und Talbildung im Gebiet des oberen Murtales (mit 12 Textabbildungen), 22 Seiten. S 12.50
Winkler v. Hermaden A.: Über neue Ergebnisse aus dem Tertiärbereich des steirischen Beckens und über das Alter der oststeirischen Basaltausbrüche, 36 Seiten. S 8 —
Winkler v. Hermaden A.: Die jungtektonischen Vorgänge im steirischen Becken (mit 4 Textabbildungen auf 2 Beilagen), 32 Seiten. S 15.—

1952 (S I Bd. 161):

Alker A.: Malchite aus dem Gailtal, IV. Teil, 18 Seiten. S 9.80
Alker A., Heritsch H., Paulitsch P. und Zednicek W.: Malchite aus dem Gailtal, VI. Teil (mit 1 Abbildung), 8 Seiten. S 4.40
Alker A. und Zednicek W.: Malchite aus dem Gailtal, II. Teil, 53 Seiten. S 3.20
Flügel H., Hauser A. und Papp A.: Neue Beobachtungen am Basaltvorkommen von Weitendorf bei Graz (mit 1 Textabbildung), 11 Seiten. S 6.40
Heritsch H.: Malchite aus dem Gailtal, I. Teil (3 Abbildungen), 22 Seiten. S 12.—
Heritsch H. und Zednicek W.: Malchite aus dem Gailtal, III. Teil (mit 5 Abb.), 45 Seiten. S 25.80
Holzer H.: Über geologische Untersuchungen am Westrand der Granatspitzgruppe (Hohe Tauern), 7 Seiten. S 2.80
Küpper H., Papp A. und Thenius E.: Über die stratigraphische Stellung des Rohrbacher Konglomerates, 12 Seiten. S 5.20
Mutschlechner G.: Neue Vorkommen von Glimmerkersantit in den Lienzer Dolomiten (Osttirol) (mit 1 Kartenskizze), 5 Seiten. S 2.10
Osberger R.: Der Flysch-Kalkalpenrand zwischen der Salzach und dem Fuschlsee (mit 1 Kartenbeilage), 16 Seiten. S 10.40
Paulitsch P.: Malchite aus dem Gailtal, V. Teil (mit 2 Abbildungen), 31 Seiten. S 13.80
Schmidt W. J.: Die Matreier Zone in Österreich, III. bis V. Teil (mit 1 tektonischen Karte und 9 Profilen), 28 Seiten. S 16.30

1953 (S I Bd. 162):

Cornelius-Furlani Marta: Beiträge zur Kenntnis der Schichtfolge und Tektonik der Lienzer Dolomiten (Erster Beitrag. mit 2 Tafeln und 1 Profil). S 8.90
Hanselmayer J.: Beiträge zur Sedimentpetrographie der Grazer Umgebung III. S 4.40
Kümel F.: Das Faltenland von Mosul (mit 6 Textabbildungen und 4 Tafeln). S 37.50
Medwenitsch W.: Dritter vorläufiger Aufnahmsbericht über geologische Arbeiten im Unterengadiner Fenster (Tirol). S 3.70
Schroll E.: Über Unterschiede im Spurengehalt bei Wurtziten, Schalenblenden und Zinkblenden (mit 2 Textabbildungen). S 21.90

ISBN 978-3-662-24131-8   ISBN 978-3-662-26243-6 (eBook)
DOI 10.1007/978-3-662-26243-6

Additional material to this book can be downloaded from http://extras.springer.com

Die Geologie des Sibumbungebirges, nebst Beschreibung der hier und in benachbarten Gebieten liegenden Erzvorkommen (Mittel-Sumatra)

Von R. Osberger, Bandung, Java

Mit 6 Abbildungen im Text und 4 Beilagen

(Vorgelegt in der Sitzung am 25. November 1954)

Inhalt.

Seite

I. Die Geologie des Sibumbungebirges.
- Vorwort 590
- Zusammenfassung 592
- Frühere Untersuchungen 593
- Abriß der Stratigraphie 594
  - Kontaktmetamorphe Gesteine 594
  - Oligozän, Pleistozän und Alluvium 697
- Erstarrungsgesteine 698
  - Dazit 698
  - Quarzkeratophyr 700
  - Gabbros 701
  - Odinite 703
  - Granodiorite und ihre Apophysen 704
  - Aplite 705
  - Lamprophyre 706
- Bemerkungen zu Geologie und Tektonik 706

II. Erzvorkommen im Sibumbungebirge und benachbarten Gebieten.
- Einleitung und Zusammenfassung 707
- Die Kupfererzlagerstätte Timbulun 708
- „Dissiminated copper ores" bei Batu Tiga 712
- Das Eisenerzvorkommen bei Batu Mendjulur 713
- Ein Eisenerzvorkommen bei Kp. Kubang 714
- Ein Eisenerzvorkommen am Gk. Batubalai 717
- Das Eisenerzvorkommen bei Kp. Panjinggahan 717
- Bemerkungen zur Genese und zur relativen Altersstellung der Eisenerzgänge hinsichtlich der „dissiminated copper ores" 718
- Die Vorkommen von Kupfererzmineralien bei Kp. Sibrambang ... 719
- Hydrothermale Kupfererzgänge im Quellgebiet des B. Sumpahan ... 720
- Das Vorkommen von gediegenem Kupfer bei Kp. Pasilihan 721
- Literaturverzeichnis 722

I. Die Geologie des Sibumbungebirges.
(Mit Beilagen 1 und 2.)

Vorwort.

„Das Sibumbungebirge nimmt eine Oberfläche von nur 35 km^2 ein, und selten wird man auf einer solch relativ kleinen Fläche soviel verschiedene Eruptivgesteine finden als in diesem merkwürdigen Gebirge. Aber die Hoffnung, daß man gerade dadurch die Möglichkeit haben sollte, ihr relatives Alter zu eruieren und daraus abgeleitet zu einer Altersbestimmung der gleichen Gesteine, welche anderswo im Padanger Oberland vorkommen, zu gelangen, wird größtenteils enttäuscht." So schrieb Verbeek (in Übersetzung, 1876, S. 54). Wohl haben Brouwer (1915 u. 1918) und Kimpe (1944) wertvolle Beiträge zur Altersfrage der im Sibumbungebirge vorkommenden Erstarrungsgesteine geliefert, doch blieb infolge nicht ausreichender Feldbeobachtungen eine Anzahl Fragen ungelöst.

Noch vor den Untersuchungen Verbeeks wurde das Sibumbungebirge durch seine Erzvorkommen bekannt (Huguenin 1854, Van Dijk 1864). Verbeek (op. cit.) hat, gestützt auf seine Feldbeobachtungen, ebenfalls über diese geschrieben. Spätere Arbeiten beinhalten Übersichten über die seinerzeit durchgeführten Arbeiten oder bringen Resultate der Untersuchungen an den von Verbeek und Brouwer angelegten Gesteins- und Erzsammlungen (de Haan 1943 u. 1949, Kimpe 1944).

An Hand der Kartierung des Sibumbungebirges im Maßstab 1 : 20.000 haben wir die Intrusionsabfolge der Erstarrungsgesteine mit einiger Sicherheit festzulegen vermocht und haben ferner neue Daten über die im Sibumbungebirge und benachbarten Gebieten vorhandenen Erzvorkommen gesammelt. Es wurden rund 100 Gesteinsproben genommen, die jedoch noch nicht systematisch bearbeitet sind. Unsere Angaben über Erstarrungs- und Kontaktgesteine stützen sich daher hauptsächlich auf die ausgezeichnete Arbeit Kimpes (op. cit.). Acht Gesteinsproben wurden freundlicherweise von Herrn Go Ping Gam, D. I. C., F. G. S., vom Geologischen Dienst Indonesiens, und ferner eine Anzahl von Erzproben von Herrn Doz. Dr. W. Siegl, Leoben, untersucht. Die Gelder für die Feldarbeiten und die Untersuchungen des Herrn Doz. Dr. W. Siegl wurden von der Universität von Indonesien durch Vermittlung des Dekans der Naturwissenschaftlichen Fakultät, des Herrn Professor H. Th. M. Leeman beigestellt. Herr Ing. Soerodjo, Leiter des Geologischen Dienstes Indonesiens, gab mir in der Person des Vermessungsbeamten Herrn Mohamad Tahir einen äußerst zuver-

Additional information of this book

*Die Geologie Des Sibumungebirges, Nebst Beschreibung
Der Hier Und In Benachbarten Gebieten Liegenden Erzvorkommen
(mittel-sumatra);978-3-662-24131-8;978-3-662-24131-8_OSFO1)* is provided:

http://Extras.Springer.com

lässigen Helfer mit, der vor allem durch seine Landeskenntnis viel zum Gelingen der insgesamt drei Wochen dauernden Feldarbeiten beitrug. Die Analysen der Erze wurden im Laboratorium des Geologischen Dienstes unter der Leitung der Herren Dipl.-Ing. H. B o d m e r und S. M a s t a r ausgeführt, die Zeichnungen von der Karten-

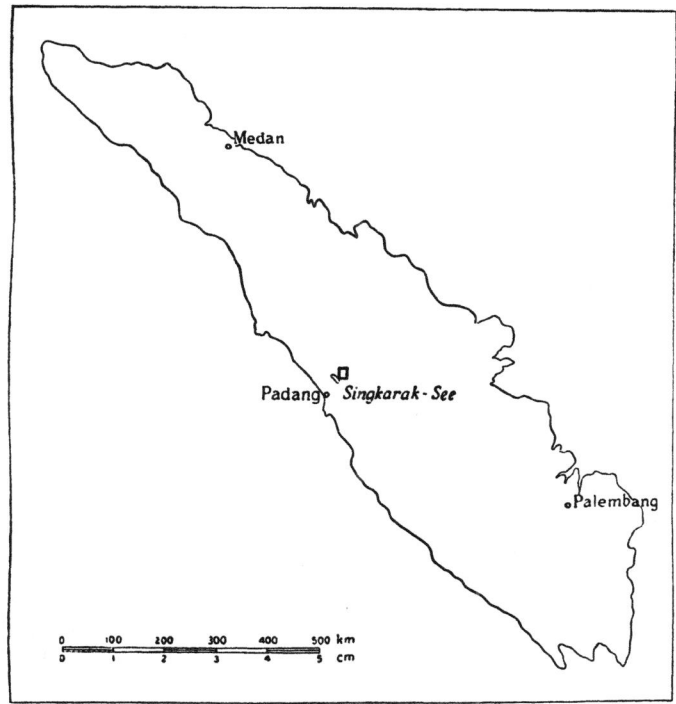

Abb. 1. Geographische Situation des kartierten Gebietes.

abteilung des obengenannten Dienstes. An dieser Stelle sage ich obenerwähnten Herren für ihr Entgegenkommen meinen verbindlichsten Dank.

Herr Dr. W. R o t h p l e t z hat mir in altgewohnter Weise bei Abfassung des Manuskriptes mit seinem Rat beigestanden, wofür ich ihm sehr zu Dank verpflichtet bin.

Als Unterlage für die Kartierung diente die recht brauchbare alte topographische Karte im Maßstab 1 : 40.000, die auf photographischem Weg in den Maßstab 1 : 20.000 gebracht wurde.

Zusammenfassung.

Das Sibumbungebirge liegt NE des Singkarak-Sees im Padanger Oberland, Zentral-Sumatra. Seine Erstarrungsgesteine bilden den NW-Ausläufer eines sich über große Entfernungen SE—NW erstreckenden Intrusionsgebietes, welches großtektonisch zum Vorbarisan zu rechnen ist. Innerhalb desselben formt es ein Randgebiet des von tertiären Sedimenten aufgefüllten Umbilinbeckens.

Das Sibumbungebirge dürfte vom Ende der Trias bis zum Ende des Mesozoikums Land gewesen sein. In dieser Landperiode drangen in eine mindestens 1400 m mächtige Serie[1] von Karbon, Perm und Trias eine Anzahl von Erstarrungsgesteinen in der folgenden wahrscheinlichen Reihenfolge ein[2]:

1. Dazit (mit andesitischen Partien).
2. Quarzkeratophyr, der ungefähr gleichzeitig mit dem Dazit intrudiert sein dürfte.
3. Gabbros und vermutlich gleichzeitig Odinite als deren Apophysen.
4. Granodiorite mit Apophysen.
5. Aplite und Lamprophyre.

Während der Intrusionen, vor allem jener des Gabbro und noch mehr des Granodiorits, wurden die intrudierten Sedimentserien zu Hornfelsen, Marmoren, Granatfelsen und Epidotfelsen umgewandelt. Nach den Intrusionen haben pneumatolytische und hydrothermale Prozesse tiefgreifende Veränderungen in den Erstarrungs- und Kontaktgesteinen hervorgerufen.

An die Nachbarschaft des Granodiorits ist eine Anzahl von Erzvorkommen gebunden. Kupfererze in kleinen Nestern (disseminated copper ores) kommen in Granat- und Hornfels, Dazit und im Randsaum der Granodiorite, möglicherweise auch in Epidotfels vor. Vereinzelt sind auch Spuren von Kupfererzmineralien aus der Innenzone des Granodioritbatholithen bekannt geworden. Daneben gibt es noch gangförmige Eisenerzvorkommen, welche hauptsächlich aus Magnetit und Pyrit bestehen. Die zahlreich vorhandenen Quarzgänge dürften stellenweise Gold führen, da die Flüsse als goldführend bekannt sind.

Es ist zu vermuten, daß das Sibumbungebirge auch im Eozän eine Landperiode durchmachte, da keine Spuren der eozänen

---

[1] Nach Musper 1929, S. 304.
[2] Kimpes Reihung war: Gabbros, Granodiorite, Lamprophyre und Aplite. Durch Differentiationsprozesse sollten diese Gesteine aus einer Magmatype entstanden und kurz nacheinander intrudiert sein.

Mergelschieferabteilung zu finden waren³. Nach den Intrusionen wurde das Gebirge tief erodiert. In diese hiedurch akzentuierte Landschaft drang im Oligozän das Meer ein, und es wurde die mächtige Sandsteinserie, in deren Basis Kohlenflöze liegen, abgesetzt.

Im Miozän zog sich das Meer nach E zurück, und im Pliozän war das gesamte Padanger Oberland wieder festes Land. Im Pleistozän wurden während heftiger vulkanischer Eruptionen von vermutlich im S gelegenen Zentren mächtige Andesitbrekzien und Tuffe abgesetzt, deren Reste noch bei Sulit Air erhalten sind.

Nach der Erosion der oligozänen Sandsteinserie und der pleistozänen Tuffe und Brekzien kam in der Neuzeit wiederum das prä-oligozäne Relief zum Vorschein.

Frühere Untersuchungen.

Erstmalig wurde das Sibumbungebirge von Huguenin (1854) untersucht. Seine Forschungen waren anbefohlen worden, da im Jahre 1851 an verschiedenen Stellen des Padanger Oberlandes Kupfererze entdeckt worden waren. Die von Huguenin im Maßstab 1 : 150.000 angefertigte Karte zeigt vor allem die Fundstellen der Erze, während von der Geologie des Gebietes nur flüchtige Einzeichnungen gemacht wurden.

Zehn Jahre später veröffentlichte van Dijk (1864) weitere Resultate eigener Untersuchungen im Sibumbungebirge. Seiner Arbeit ist ein geologisches Kärtchen im Maßstab 1 : 10.000 beigegeben, das unrichtig ist.

Verbeek dagegen veröffentlichte 1876 eine geologische Karte im Maßstab 1 : 10.000, die in Anbetracht damaliger Umstände und des Standes der Petrographie ehrliche Bewunderung verdient. Nicht nur daß die unter seiner Leitung angefertigte topographische Karte in mancher Hinsicht genauer ist als moderne topographische Karten, sind auch seine geologischen Eintragungen, verglichen mit früheren Autoren und Kimpes Karte, erstaunlich gut.

1883 ging Verbeek nochmals auf die Erzvorkommen und ausführlicher noch auf die Petrographie und Stratigraphie des Gebietes ein, wobei er jedoch, in Abänderung seines 1876 veröffentlichten Berichtes, verschiedentlich neue Auffassungen brachte.

³ Östlich anschließend an das Sibumbungebirge sind dagegen mächtige Sedimente der in einem eozänen Süßwassersee abgesetzten Mergelschieferabteilung vorhanden.

Brouwer (1915) wies nach, daß zumindest ein Teil der hier vorkommenden Granite[4] und der Quarzporphyr[5] von postkarbonischem Alter seien, entgegen der Ansicht Verbeeks, der die erwähnten Gesteine für präkarbonisch hielt. Im Jahre 1918 veröffentlichte Brouwer seine Ergebnisse der Untersuchung eines Quarzkeratophyr-Kalkkontaktes im Sibumbungebirge. Der Arbeit ist eine Kartenskizze aus der Gegend der Mündung des S. Kapu in den B. A. Sangkurawang (A. Sulaki)[6] beigegeben, nach eigenen Beobachtungen und Verbeeks Karte zusammengestellt. Diese Skizze ist teilweise unrichtig.

Die von Zwierzycki (1922) veröffentlichte Karte Mittel-Sumatras im Maßstab 1 : 1,000.000 zeigt den Stand der damaligen Kenntnisse.

Musper (1930) besuchte das Simbumbungebirge nur flüchtig und sparte daher auf seiner geologischen Karte im Maßstab 1 : 100.000 den größten Teil des genannten Gebietes aus. Seine wenigen Einzeichnungen bedeuten jedoch gegenüber Verbeeks Karte bereits einen gewissen Fortschritt.

De Haan (1943 und 1949) beschrieb einige Gesteine aus dem Sibumbungebirge und äußerte seine Meinung über die tektonische Stellung desselben im Verhältnis zum südlich liegenden Schieferbarisan und ferner über die Aussicht in diesem Gebiet porphyrische Kupfererze zu finden.

Kimpe (op. cit.) lieferte zahlreiche Details über die im Sibumbungebirge vor sich gegangenen Kontaktmetamorphosen und beschrieb ausführlich die vorhandenen Gesteine. Die geologische Kartenskizze im Maßstab 1 : 20.000, die seiner petrographisch hervorragenden Arbeit beigegeben ist, wurde nach den Karten Verbeeks, Muspers und unveröffentlichten Notizen Brouwers zusammengestellt und zeigt zahlreiche Unrichtigkeiten. Dies ist indessen verständlich, da die Veröffentlichung eine Bearbeitung der Gesteinssammlung von Brouwer darstellt und der Autor das Gebiet nicht aus eigener Anschauung kannte.

Abriß der Stratigraphie.

Kontaktmetamorphe Gesteine.

Bei den kontaktmetamorphen Gesteinen handelt es sich um umgewandelte Mergel, wahrscheinlich auch vulkanische Tuffe und

---

[4] Kimpe bezeichnete das Gestein später als Granodiorit.

[5] Der Quarzporphyr wurde von Brouwer (1918) als Quarzkeratophyr angesprochen.

[6] S. = Abk. für Sungei (Fluß), B. A. = Abk. für Batang Air (Fluß), A. = Abk. für Air (Fluß). Die Unterschiede im Gebrauch der einzelnen Worte sind mir nicht klar geworden.

Kalk. K i m p e (op. cit.) beschrieb ferner auch einen durch Granodiorit veränderten Diabas oder Dolerit.

Sowohl die Gabbros als auch die Granodiorite haben die sie umgebenden Gesteine durch thermische Metamorphose und pneumatolytisch-hydrothermale Prozesse verändert. Die Kontaktaureole der Gabbros zeigt eine andere Mineralfazies als jene des Granodiorits: Augit und soweit vorhanden der Granat in den durch Gabbro veränderten Sedimenten weichen in ihren Eigenschaften von dem Pyroxen und dem Granat in den durch Granodiorit metamorphosierten Gesteinen ab. Außerdem zeichnen sich die Gabbros und die sie umgebenden Kontaktgesteine stets durch einen gewissen Mangangehalt aus.

In der Kontaktaureole der Gabbros sind 2 durch Übergänge verbundene Gesteinstypen zu unterscheiden: 1. Ziemlich grobkörnige Augitplagioklashornfelsen und 2. skarnähnlich entwickelte Pyroxengranatfelsen. Erstere wurden in der Nähe des Bt. Baturagung[7] und letztere auf dem Weg von Pisalak 1 (Damar bei K i m p e) nach Limaupurut, aus der Nähe des Bt. Baturagung und in Form von Rollstücken im B. Rimbutadji (A. Limpato bei K i m p e) gesammelt.

In der Kontaktaureole der Granodiorite sind folgende Kontaktgesteine zu unterscheiden:

1. Marmore,
2. Granatfelsen,
3. Granatwollastonitfelsen,
4. Kalkmagnesiumsilikathornfelsen.

Bei den Marmoren ist eine ungebänderte, praktisch von Kontaktmineralien freie und eine gebänderte Type, welche Kontaktmineralien führt, zu unterscheiden. Letztere Type ist auffallend durch die große Menge neu geformter Kalkaluminiumsilikate, vor allem Granat und Vesuvian, welche Mineralien in mehr oder minder deutlich entwickelten Bändern auftreten. Die in verschiedenen Typen vorhandenen Granatfelsen dürften ausschließlich längs der Kontakte des Granodiorits oder Quarzkeratophyrs mit Kalk vorkommen. In den meisten dieser Gesteine, welche gelegentlich zur Gänze aus andraditreichem Granat bestehen, ist Diopsid ein konstanter, in wechselnder Menge auftretender Nebenbestandteil. Bestimmte Typen des Granatfelsens zeigen bereits makroskopisch eine intensive Vererzung. Gelegentlich bildet auch Vesuvian einen wichtigen Bestandteil.

[7] Bt. = Abk. für Bukit (Berg).

Die reinsten Granatfelsen stammen aus dem B. Timbulun, N vom Gk. Tambang[8]. Diopsidreiche Granatfelsen stammen aus der Nähe von Batu Mendjulur. Proben, genommen bei dieser Lokalität und im Tal des B. Timbulun, zeigen Granatfels, der zum Teil pneumatolytisch-hydrothermal verändert wurde. Grossular wurde in Vesuvian und in Minerale der Epidot-Zoisit-Gruppe umgewandelt, Diopsid in Tremolit, Aktinolit, Chlorit und serpentinähnliche Mineralien und vermutlich Talk verändert. Gleichzeitig mit den hydrothermalen Prozessen fand eine starke Imprägnierung mit Pyrit statt. Granatwollastonitfels liegt im Tal des B. Timbulun in einigem Abstand von Granodiorit aufgeschlossen. Es handelt sich um aus Wollastonit und braunem Granat bestehende Gesteine, von welchen Mineralien der Granat als erstes gebildet worden zu sein scheint. Vesuviangranatwollastonitfelsen sind ebenfalls im Tal des B. Timbulun zu finden. Bei den Kalkmagnesiumsilikathornfelsen sind 2 Typen zu unterscheiden, nämlich:

a) Granatdiopsidplagioklashornfelsen und
b) Epidothornfelsen.

Die erstgenannte Gruppe führt vor allem Diopsid, Plagioklas und Granat. Nicht selten sind auch Hornblende oder Skapolith. Biotit dagegen ist nur sporadisch zu finden. Titanit kommt in allen Hornfelsen vor. Akzessoria, z. T. später zugeführte Mineralien sind: Apatit, Zirkon, Rutil, Kalzit, Quarz, Mineralien der Epidot-Zoisit-Gruppe, Chlorit, Serizit und Prehnit. Epidothornfelsen wurden von K i m p e (op. cit. S. 86) von Batu Mendjulur beschrieben, wir fanden dieselben auch im E des Bt. Pakaul.

Herr G o P i n g G a m beschreibt Probe 14 u, genommen von dem inmitten der Hornfelsen, E des Bt. Pakaul liegenden Vorkommen von Epidothornfels, wie folgt:

M a k r o s k o p i s c h : Ein mittelkörniger, hauptsächlich von gelbgrünem Epidot und Quarz zusammengesetzter Mantel umgibt einen feinkörnigen, dunkelgrünen Kern, in welchem Kristalle von schwarzgrünem Amphibol zu beobachten sind. Ein $^1/_2$ cm breiter Quarzgang schneidet das Gestein.

M i k r o s k o p i s c h : Ein Teil des Dünnschliffes zeigt hauptsächlich chloritisches und serizitisches Material. Quarz findet sich in Zwischenräumen. Chlorit, Serizit und Quarz dürften Umwandlungsprodukte irgendeiner Hornblende sein. Von derselben sind noch faserige, fleckige Überreste mit charakteristischen Basalschnitten und häufiger Zwillingsbildung (100) erkennbar. Daneben sind auch noch umgewandelte Überreste von Feldspat, gelegentlich nach dem Karlsbader Gesetz verzwillingt, zu sehen. Vermutlich handelt es sich ursprünglich um Kalifeldspat. Dieser Teil des Dünnschliffes geht in eine Zone über, in welcher die Umwandlungsprodukte vorherrschen. Im übrigen Teil des Dünnschliffes sind große Körner von undulös aus-

[8] Gk. = Abk. für Guguk (Berg).

löschendem Quarz und Minerale der Epidot-Zoisit-Familie zu erkennen. Überreste von Hornblende sind ebenfalls noch zu beobachten. Chloritisches und serizitisches Material ist jedoch abwesend.

Über das Alter dieser Gesteine sind die Meinungen nicht einhellig. V e r b e e k (1876 und 1883) stellte die gesamte kontaktmetamorphe Serie in das Permokarbon. M u s p e r (1930, S. 308) meinte, daß die im zentralen Teil des Sibumbungebirges vorhandenen Marmorvorkommen „ihrem Habitus nach zu urteilen, viel eher an triassische, als an permische Kalke denken lassen". K i m p e schloß sich dieser Meinung an.

Gegen die Ansichten M u s p e r s und K i m p e s möchten wir folgende Argumente anführen:

1. Die Marmore sind, wie auch K i m p e (op. cit. S. 66) angibt, nicht gebankt. Nach unseren, während der im Dienste des geologischen Instituts durchgeführten Kartierungsarbeiten im SW von Sawahlunto gemachten Erfahrungen, sind triassische Kalke immer gebankt und ferner niemals ganz rein, wie das die vorhandenen Marmore zum Großteil wohl sind. Die paläozoischen, vor allem die oberkarbonischen Kalke im S von Muara Kelaban und im SE von Silungkang[9] dagegen zeigen im allgemeinen keinerlei Bankung und sind außerdem stets ziemlich rein.

2. Wenn es sich bei den im Zentrum des Sibumbungebirges vorkommenden Marmoren tatsächlich um triassische Gesteine handelte, müßte die einstmals darunterliegende paläozoische Serie durch den Granodiorit assimiliert worden sein. Dem entgegengestellt schreibt K i m p e (op. cit. S. 113): „Anweisungen für eine umfangreiche Assimilierung von Kalk oder anderem Sedimentgestein sind nicht vorhanden. Hiefür ist die endomorph veränderte Zone (in dem Granodiorit, der im B. Timbulun aufgeschlossen ist) viel zu schmal" (in Übersetzung). Granitisierung der Sedimente ist, der Art der thermischen Metamorphose nach zu schließen, ebenfalls nicht anzunehmen. Aus den beiden oben angeführten Gründen möchten wir mit V e r b e e k schließen, daß die Marmore in das Paläozoikum zu stellen sind. Ebenso dürfte ein großer Teil der Hornfelsen ebenfalls in das Paläozoikum gehören.

Oligozän, Pleistozän und Alluvium.

Die Basis des durch die Intrusionen nicht mehr veränderten, transgredierenden Oligozäns besteht im allgemeinen aus sehr grobem Konglomerat, wovon die Bestandteile aus den in der Umgebung anstehenden Gesteinen abstammen. Solche Konglomerate

---

[9] Etwa 20 km im SE von Sulit Air gelegen.

sind (von NW nach SE fortschreitend) im B. Lurahpakajam, im B. Rimbutadji, im B. Nibong, im A. Sulaki und im NE von Sulit Air bei Lubuktarandjangan zu finden. Darüber folgen stark tufföse, z. T. bläulichgraue Sande bis Tone, die im SW vom Gk. Batubalai gut aufgeschlossen sind. In diesem Paket sind an mehreren Stellen Kohlenflöze zu finden. So im E und NE vom Bt. Bintungan und im NW vom Bt. Tangah. Es handelt sich um die gleiche Kohle, wie jene von Sawahlunto, nämlich Glanzkohle. Die Flöze sind hier aber für wirtschaftlichen Abbau nicht geeignet.

Im B. Nibong war außerdem knapp über dem Transgressionskonglomerat eine 3 cm dicke Lage Manganerzes zu finden.

Der hangende Teil des von Musper (op. cit.) Sandsteinserie genannten Oligozäns ist überwiegend sandig und führt vor allem bis nußgroße Quarzgerölle. Feinkörnige, tufföse Einschaltungen sind nicht selten. Die Gesamtmächtigkeit der Serie geht in diesem Gebiet über 150 m nicht hinaus. Es dürfte sich allem Anschein nach um die Uferregion des oligozänen Meeres handeln.

In Anlehnung an Musper (op. cit.) halten wir die mächtigen vulkanischen Konglomerate und Tuffe bei Sulit Air für Pleistozän.

Über das Alluvium, das im wesentlichen aus Aufarbeitungsprodukten des Granodiorits besteht, ist nichts Interessantes zu berichten. Auffallend ist, daß es in dem kartierten Gebiet nicht zur Bildung von Kaolin, Ton oder Laterit kam.

Erstarrungsgesteine [10].

Dazit.

Dazit, in Stock- oder Gangform, kommt ausschließlich im NW-Teil des Sibumbungebirges vor. Während Kimpe (op. cit. S. 39) annimmt, daß wir es „möglicherweise mit einer porphyrisch erstarrten Randfazies der Granodiorite zu tun haben", besteht nach den neuen Aufnahmen kein Zweifel an der selbständigen geologischen Stellung des Dazits. Es ist ferner deutlich erwiesen, daß der sich aus dem Quellgebiet des B. Rimbutadji nach S erstreckende Gang Dazits von dem breiten NW—SE streichenden Gang Granodiorits durchschnitten wird, womit wohl das Altersverhältnis der beiden Gesteine als geklärt erscheint.

Der Dazit wurde im Laufe der Forschungen unter verschiedenen Namen zitiert. Verbeek (1876) nannte ihn teils Diorit, teils Felsit. Der Muspers (1929) Gesteinssammlung unter-

[10] Angeführt in der vermutlichen Intrusionsabfolge.

Die Geologie des Sibumbungebirges (Mittel-Sumatra). 699

suchende Petrograph G i s o l f nannte nach europäischer Gepflogenheit die Gesteine Quarzporphyrit, Quarzdioritporphyrit mit Übergängen in Quarzdiorit. K i m p e (op. cit.) hielt sich an das Vorbild der amerikanischen Schule, in welcher kein namentlicher Unterschied zwischen prätertiären und tertiären Ergußgesteinen gemacht wird und bestimmte das Gestein als Dazit. Wir schließen uns K i m p e an.

Der Dazit ist in 2 Typen vertreten: Als Hornblendedazit und als Diopsiddazit. Infolge Fehlens von Quarz als Phenokristen und dem Vorhandensein von ziemlich basischem Plagioklas, einer starken Abnahme des Quarz- und Alkalifeldspatgehaltes in der Grundmasse kommen verschiedene der am Gk. Batubalai genommenen Proben Andesiten gleich.

Mehrere vom Oberlauf des B. Rimbutadji stammende Proben zeigen deutlich porphyrisch entwickelten Hornblendedazit. Dasselbe Gestein fand K i m p e auch im W vom Gk. Larak, in einem Gebiet, das von uns nicht mehr kartiert wurde. Als Phenokristen treten Quarz, Plagioklas und Hornblende auf. Der Dazit im B. Patjam (A. Palam bei K i m p e) ähnelt im Handstück infolge Fehlens von makroskopisch erkennbaren Phenokristen stark quarzitischen Gesteinen. Auffallend sind die kleinen, fein verteilten Pyrite. Die Grundmasse besteht aus Plagioklas, Kalifeldspat und Quarz. Vereinzelt sind winzige Feldspatphenokristen erkennbar. Das Gestein ist hydrothermal verändert.

Im W vom Gk. Batubalai kommt, K i m p e folgend, schwach endomorpher Hornblendedazit vor. Im B. Rimbutadji (A. Limpato bei K i m p e) und ebenfalls am SW-Hang des Gk. Batubalai treten hydrothermal veränderte, nämlich propylitisierte Hornblendedazite auf.

Nicht sicher ist die Abkunft des sowohl im Bett des B. Rimbutadji, als auch am Gk. Batubalai zu findenden „Grünsteins". Es sind sehr feinkörnige Gesteine, die meist intensiv grün sind, was nach K i m p e (op. cit. S. 44) auf Infiltrierung von Malachit zurückzuführen ist. In verschiedenen Proben wurde unter anderem Orthoklas, Albit, Quarz und Diopsid beobachtet. Gelegentlich findet man Imprägnierung mit Pyrit und Chalkopyrit. K i m p e hält dieses Gestein für ursprünglich dazitisch bis andesitisch. Mir erscheint wahrscheinlicher, daß dieses seltsame Gestein als eine besondere Type Hornfels anzusehen ist, weswegen dasselbe auch auf der Karte zum Hornfels gerechnet wurde. Bestimmend hiefür war das kleine isolierte Vorkommen von Grünstein, das am Zusammenfluß mehrerer Quellbäche des B. Rimbutadji liegt und das sich mit scharfer Grenze gegen den Dazit absetzt. Mir erscheint dieses Vorkommen ein Überrest des Daches zu sein. Vor endgültiger Stellungnahme sind jedoch noch die Resultate der systematischen mikroskopischen Untersuchungen abzuwarten.

Quarzkeratophyr.

Wie bereits erwähnt, wurde dieses Gestein von Verbeek (1876) ursprünglich für einen Quarzporphyr angesehen. Brouwer (1915) gebrauchte diesen Namen ebenfalls, aber bezeichnete 1918 als erster dasselbe Gestein als Quarzkeratophyr. Kimpe ist ihm hierin gefolgt.

Verbeek (1876, S. 60) hielt seinen Quarzporphyr ursprünglich für jünger als den Granit (Granodiorit). Später (1883, S. 195) huldigte er der Auffassung, daß dieses Gestein als Modifikation des Granits (Granodiorits) anzusehen sei. Die gleiche Ansicht vertrat Brouwer 1915 und 1918. Kimpe (op. cit.) erbrachte für den im S. Kapu aufgeschlossenen Kontakt Quarzkeratophyr — Kalk den Beweis, daß die „durch den Granodiorit verursachte exo- und endomorphe Metamorphose den gleichen Charakter trägt als jene, welche durch den Quarzkeratophyr zustande gebracht wurde" und schloß sich daher Brouwer an. Wie auf der Karte ersichtlich, liegt diese Stelle in nächster Nähe von Granodiorit, womit die Zuweisung der Kontakterscheinungen zur Intrusion des Quarzkeratophyrs ausschließlich als nicht gesichert erscheint.

Große, meist magmatisch korrodierte Quarze und weniger häufig Plagioklaskristalle liegen in einer holokristallinen, aus Quarz, Albit, Muskovit, Biotit, Chlorit und feinverteiltem Kalzit bestehenden Grundmasse. Daneben meldet Kimpe noch vereinzelt Turmalin.

Kimpe (op. cit. S. 47) nimmt für die „Struktur und mineralogische Zusammensetzung" des Quarzkeratophyrs metasomatische Entstehungsweise an. Als Beweis für diese Annahme führt er den durch seine Trübheit als sekundär erwiesenen Albit an. Ferner nennt er den allmählichen Übergang des Quarzkeratophyrs in die durch starke Albitisierungserscheinungen gekennzeichnete granitische Randfazies. Schließlich zählt er noch die starke Silizifizierung auf. Diese Veränderungen sind nach Kimpe durch wässerige Na- und SiO_2-reiche Lösungen entstanden und müssen als „post consolidation phenomena" des gleichen Magmas angesehen werden, aus welchem die Granodiorite entstanden sind.

Zur Klärung der Stellung des Quarzkeratophyrs können wir folgenden Beitrag leisten:

Die Geologie des Sibumbungebirges (Mittel-Sumatra). 701

Wie aus der Karte ersichtlich ist, kommt zwischen Bt. Kubansira und dem B. A. Sangkurawang eine von W nach E sich verbreiternde Zone von Quarzkeratophyr vor, die einem Saum des Granodiorits ähnelt. Zwar ist der Kontakt zwischen den beiden Gesteinssorten, den Besonderheiten des Geländes wegen, nirgends aufgeschlossen, doch sind aber auch keine Übergänge zu erkennen. Am S. Kapu ist der Granodiorit in einer granitischen Fazies entwickelt. Aus diesem Grund dürften auch Verbeek und Kimpe an dieser Stelle Quarzkeratophyr bzw. Quarzporphyr eingezeichnet haben. Diese granitische Fazies ist jedoch nicht auf diese Stelle beschränkt, sondern ist von hier nach S, längs des Hornfelskomplexes, als schmaler Saum bis zum Bt. Tjerai zu verfolgen, ohne daß es zur Bildung von Quarzkeratophyr kommt.

Der nach SE laufende Gang Quarzkeratophyrs, der sich am Bt. Pakaul entweder aufsplittert oder aber durch die Hornfelsen bedeckt wird, unter welche er eintaucht, kommt nur im B. Timbulun zusammen mit Granodiorit vor. Hier ist der Kontakt scharf und durch keine Übergänge verwischt. In dem Quarzkeratophyr kommt ferner ein 4 m breiter Gang Granodiorits mit charakteristischen basischen Fischen vor, der möglicherweise als Apophyse des großen Granodiorit-Batholithen anzusehen ist.

Aus den angeführten Gründen geben wir dem Quarzkeratophyr ebenfalls eine selbständige geologische Stellung und halten ihn für älter als Gabbro und Granodiorit.

Die von Kimpe als „post consolidation phenomena" angesehenen hydrothermalen Veränderungen in dem Quarzkeratophyr sind daher möglicherweise zum Teil als mit der Intrusion des Granodiorits im Zusammenhang stehend anzusehen.

Gabbros.

Das im NW vorhandene Gabbromassiv ist bereits seit Verbeek (1876) bekannt. Musper (op. cit.), auf Gisolf gestützt, nennt diese Gesteine Norite, Quarznorite und Quarzdiorite. Hier können zwei Gabbrotypen unterschieden werden:

1. Hypersthenhaltiger Quarzgabbro, ein feinkörniges Gestein, sowohl mit monoklinem als auch mit rhombischem Pyroxen.
2. Syenogabbro, ein grobkörniges Gestein, welches nur monoklinen Pyroxen als primären dunklen Bestandteil aufweist.

In den von Kimpe untersuchten Proben waren Erscheinungen zu erkennen, die entweder auf ein Saurerwerden des Restmagmas oder aber als thermisch metamorphe Erscheinungen aufgefaßt werden können.

Das Vorkommen am B. A. Sangkurawang war bis jetzt unbekannt. Verbeek (1876) kartierte an seiner Stelle Diorit, Syenit und Quarzporphyr. Von hier stammen die Proben 14 i, 14 o und 14 p, die von Herrn Go Ping Gam wie folgt beschrieben werden: Quarz-Hornblende-Gabbro.

Makroskopisch: Das Gestein der Probe 14 p ist mittelkörnig, 14 i und 14 o sind grobkörnig. Es sind hypautomorphe, dunkle, gefleckt erscheinende Gesteine. Graue bis violettgraue Feldspäte sind mit grünlichschwarzen Hornblendekristallen, welche ausgeprägte Spaltrisse besitzen, verwachsen. Etwas Quarz und grünlicher Chlorit sind erkennbar. Ferner sind noch winzige Erzkörnchen, vermutlich Pyrit, vorhanden.

Mikroskopisch: Textur: Mittel- bis grobkörnig, hypautomorphgranular. Das vorherrschende Mineral ist Labradorit mit deutlich automorphen Kristallen. Die Größe variiert von $^1/_2$ bis 2 mm. Die kleineren Kristalle erscheinen gedrungen (in Probe 14 i sind die Kristalle im allgemeinen gedrungener). Zonarbau ist häufig, obschon nicht hervortretend. Es ergeben sich 75% An für den Kern und 50% An für die Außenzone der Kristalle. Zwillingsbildung ist überall vorhanden: Albitgesetz, breite Lamellen und spitze Enden. Kombinationen von Albit- und Karlsbadergesetz sind weit verbreitet. Zwillinge nach dem Periklingesetz sind häufig. Die Auslöschung der Plagioklase erscheint undulös, was aber möglicherweise auf Zonarbau zurückzuführen ist.

Gelegentlich ist Serizitisierung zu erkennen. Auch können winzige, feste Einschlüsse in den Feldspäten beobachtet werden. Außerdem ist zu sehen, daß die Plagioklase, besonders in ihren zentralen Teilen, in kleine Teile zerbrochen sind, was den Kristallen ein körniges, manchmal vesikuläres Aussehen verleiht.

Amphibol — gewöhnliche Hornblende — ziemlich verbreitet, ist in großen allotriomorphen Kristallen vorhanden. Sie bilden poikilitische Ansammlungen, wobei sie Plagioklas einschließen. Der Auslöschungswinkel beträgt n'gamma/c 16—22°. Ziemlich starker Pleochroismus: grün für n'gamma und gelbbraun für n'alpha. Zwillingsbildung (100). Die Hornblende kommt auch in faserigen Aggregaten mit stärkerer Idiomorphie vor, wobei die Struktur weniger poikilitisch wird. Sekundärer Chlorit und Eisenerz begleiten dieselben. Etliche Aggregate sind beinahe gänzlich chloritisiert. Diese Hornblende muß als primär angesehen werden, ebenso jene, welche Pyroxen ummantelt.

Pyroxen kommt nicht in selbständigen Kristallen vor, sondern bildet die inneren Zonen großer allotriomorpher Hornblendekristalle. Der Auslöschungswinkel n'gamma/c beträgt etwa 46°. Kein Pleochroismus. Wahrscheinlich handelt es sich um Diallag. Gelegentlich sind Reste von Plagioklas in den Pyroxenen zu erkennen. Zwillingsbildung parallel (100). In den Pyroxenen sind winzige Nadeln (Ilmenit?) als Einschlüsse zu erkennen, welche in einer Zwillingshälfte einen Winkel von etwa 70° mit der c-Achse bilden. In der anderen Zwillingshälfte ist die gleiche Erscheinung spiegelbildlich gleich zu sehen, so daß ein fischgrätenartiges Muster entsteht. Akzessorische Mineralien sind Biotit, Apatit (ziemlich häufig) und sulfidische Erze. Sekundäre Mineralien sind Chlorit und etwas Epidot.

Bemerkungen: Von den Kellang-Inseln wurden von Rittmann (1931) Quarzgabbros beschrieben, deren Entstehung der Autor der Injektion von „plagiaplitischem Magma" in eine ursprünglich gabbroide Schmelze zuschrieb. Die Injektion des plagiaplitischen Magmas ist Rittmann zufolge unter anderem in der besonderen Art der Zonierung der Plagioklase erkennbar. Der durchschnittliche Anteil des äußeren Mantels an An ist 70—75%, jener der beinahe homogenen Kerne, welche etwa ²/₃ der Kristalle einnehmen, ist bedeutend basischer, nämlich 85% bis 95% An. Die Kerne können also nicht aus einer Schmelze auskristallisiert sein, wie sie durch den Quarzgabbro repräsentiert wird, sondern aus einer Schmelze, die wesentlich reicher an An-Molekülen gewesen sein muß.

Obwohl in vorliegendem Fall die plötzliche Änderung des An-Gehaltes vom Kern zum Mantel nicht mittels Fedorow-Drehtisches bestimmt wurde und somit nicht ganz sicher bewiesen ist, gibt es jedoch auch andere Beobachtungen, die den Schluß auf eine solche plagiaplitische Injektion gestatten: Die basischen Plagioklaskerne sind nämlich protoklastisch zerbrochen und außerdem sind Merkmale starker Korrosion zu erkennen. Der plötzliche Wechsel in der chemischen Zusammensetzung der sich abkühlenden Schmelze ist auch aus dem Vorhandensein von Kernen in den Hornblendekristallen zu schließen. In einem Kristalle ist ein verzwillingter Pyroxen- (Diallag-) Kern von einem Hornblendemantel umgeben. Diese Hornblende kann nicht sekundären Ursprungs sein, nämlich aus Pyroxen entstanden. Hiergegen spricht sowohl die Frische und Kompaktheit des Pyroxens als auch die zu beobachtende starke Korrosion desselben, die vor der vollständigen Erstarrung der Schmelze vor sich gegangen sein muß.

Wir können somit zusammenfassen: Aus ursprünglich gabbroidem Magma kristallisieren Pyroxen und Plagioklas aus. Bevor jedoch die Schmelze endgültig zu einem ultrabasischen Gabbro erstarrte, wurde neues Material zugeführt. Die Plagioklase wurden hierbei zerbrochen und stark korrodiert und um die basischen Kerne eine bedeutend saurere Zone ausgeschieden. Ferner wurden die bereits gebildeten Pyroxene korrodiert und um dieselben herum die Hornblende gebildet. Daneben schieden sich aus der Schmelze auch selbständige Hornblendekristalle aus. Die Reste dieser plagiaplitischen Injektion setzten sich als Quarz interstitial zwischen den bereits gebildeten Mineralien ab. Es erscheint somit als wahrscheinlich, daß die Erstarrung der Schmelze nicht langsam und gleichmäßig vor sich gegangen ist, sondern daß die Intrusion der gabbroiden Schmelze unmittelbar gefolgt wurde von der Injektion des plagiaplitischen Magmas. In Anlehnung an die Ansicht Rittmanns (op. cit. S. 65) mögen diese Geschehnisse während einer starken orogenetischen Phase vor sich gegangen sein.

Odinite.

Diesen Namen gab Kimpe (op. cit.) erstmals Gesteinen, die von Verbeek (1876, S. 70) als Augitporphyre bezeichnet wurden. Verbeek und Kimpe waren nur die beiden Gänge im B. Timbulun (in Marmor) und im B. Patjam (in Dazit) bekannt. Wir fanden dieses Gestein an zwei weiteren Stellen, nämlich im B. A. Sangkurawang und im Oberlauf eines linken Seitenflüßchens desselben am E-Hang des Bt. Pakaul. Herr Go Ping Gam untersuchte die Proben 14 l und 14 m, die beide von dem im Quarzkeratophyr gelegenen Gang stammen.

Makroskopisch: Dichtes, graugrünes lamprophyrisches Gestein. In einer dichten Grundmasse sind kleine Stäbchen dunkelgrüner Hornblende-

und Feldspat-Phenokristen, daneben auch winzige Pyritkristalle zu erkennen.

Mikroskopisch: Der porphyrische Charakter des Gesteins ist unter dem Mikroskop deutlich zu sehen. Mittelgroße Phenokristen von basischem Labradorit (mit etwa 70% An) und einer maximalen Größe von ³/₄ mm sind in den Dünnschliffen verbreitet. Phenokristen von grüner Hornblende mit starkem Pleochroismus (n'gamma: grün, n'alpha: braungrün) kommen vereinzelt in Kristallen von etwa 1 mm Länge vor. Auslöschungsschiefe n'gamma/c = 20°.

Die Grundmasse besteht aus winzigen, pleochroitischen Hornblendenadeln und Stäbchen Plagioklases von gleicher Größe (etwa 0,1 mm). Die maximale Auslöschung der letzteren überschreitet 20° nicht bedeutend, so daß sie wohl als Andesin anzunehmen sind. Die beiden genannten Minerale, welche praktisch die Grundmasse formen, sind deutlich in Fließstruktur angeordnet. Quarz und etliche undeutliche Biotitplättchen, die ebenfalls zu beobachten sind, sind augenscheinlich sekundären Ursprungs. Die meisten Plagioklaskristalle sind mehr oder minder stark serizitisiert. Erz ist in winzigen Körnchen vorhanden, welche über die gesamte Fläche der Dünnschliffe verteilt sind.

Granodiorite und ihre Apophysen.

Unter diesem Namen werden alle sauren Tiefengesteine zusammengefaßt. Hierunter fallen u. a. der Quarzmonzonit und der Augitsyenit de Haans (1943) aus dem S vom Bt. Sibumbunbetina, daneben auch granitische Gesteine, die am Bt. Tjerai und im NW hiervon vorkommen. Ferner dioritische Gesteine aus dem S von Limaupurut.

Von Verbeek wurde dieses Gestein (1876) in seiner überwältigenden Masse als Syenit bezeichnet, 1883 dagegen als Hornblendegranit. Auch Brouwer (1915) gebrauchte den Namen Granit. Kimpe dagegen wählte den Namen Granodiorit. Er unterschied zwischen den wenig veränderten Granodioriten der Innenzone des Batholithen und den meist deutlich stark hydrothermal veränderten Granodioriten der Randzone.

Die Granodiorite der Innenzone sind frische, lichtgraue, mittelkörnige Tiefengesteine. Hauptbestandteile sind trüber Plagioklas, grüne Hornblende, Biotit, Kalifeldspat und Quarz. In den Granodioriten der Randzone sind, wie erwähnt, zahlreiche Merkmale hydrothermaler Prozesse erkenntlich, weswegen das Gestein auch einen unfrischen Eindruck macht. Charakteristisch sind zahlreiche kleine, dunkle, basische Fische, die hauptsächlich Plagioklas und Hornblende, ferner Biotit, Kalifeldspat und Quarz führen. Die enge mineralogische Verwandtschaft zwischen diesen basischen Fischen und den sie bergenden Granodioriten weist Kimpe (op. cit. S. 36) zufolge darauf hin, daß es sich hier um Fragmente einer früher in dem Magma vorhandenen basischen Fazies handeln müsse und nicht um Xenolithen des Nebengesteins.

Auffällig sind ferner die im äußeren Saum der Granodiorite häufig zu beobachtenden Druckerscheinungen, wie undulös auslöschender Quarz, verbogene Biotitlamellen und Hornblendekristalle. Hiermit in Verbindung steht auch die Bildung von feinen Spalten. Magnetit, Pyrit und Kupfererzmineralien haben sich häufig darauf abgesetzt. Hierauf wird später noch zurückzukommen sein.

Von den vermutlichen Apophysen des Granodiorits wurden von Herrn G o P i n g G a m die folgenden Proben bearbeitet:

Probe 14 n, genommen von dem im B. A. Sangkurawang aufgeschlossenen, im Gabbro liegenden Gang.

M a k r o s k o p i s c h : Mittelkörniges, dichtes graues Gestein. Es sind Quarzkörner, Feldspäte und kleine Biotitkristalle erkennbar. Ein lokaler Stich ins Grüne wird von Chlorit verursacht.

M i k r o s k o p i s c h : Hauptbestandteil ist undulös auslöschender Quarz, der in mittelgroßen, allotriomorphen Kristallen vorkommt und auch in Gruppen von winzigen Körnern. Der Kalifeldspat ist gelegentlich nach dem Karlsbader Gesetz verzwillingt und stark kaolinisiert. Der vorhandene, nach dem Albit-Gesetz verzwillingte Plagioklas ist Oligoklas. In gleichmäßiger Verteilung ist Biotit zu erkennen. Er befindet sich häufig im Stadium der Umwandlung in Chlorit. Gelegentlich tritt Muskovit in einer Biotit-Chlorit-Masse auf. Derselbe dürfte sekundären Ursprungs sein. Akzessorische Minerale sind: Zirkon, Apatit und Erz.

Probe 14 q, genommen von dem im B. Timbulun aufgeschlossenen, in Gabbro liegenden Gang.

M a k r o s k o p i s c h : Ein helles, ziemlich feinkörniges fleckiges Gestein, in welchem Quarz und Feldspat vorherrschen. Die dunklen Flecken sind hauptsächlich Biotit und Chlorit.

M i k r o s k o p i s c h : Die Textur ist hypautomorph-körnig, inäquigranular. Quarz stellt den größten Anteil der lichten Bestandteile und ist in großen, bis 3 mm messenden, und in winzigen Körnern vorhanden. Orthoklas in ziemlich großen Kristallen, stark serizitisiert und kaolinisiert, ist häufig vertreten. Oligoklas ist ebenfalls vorhanden.

Das Gestein ist charakterisiert durch die Anwesenheit von Glimmern, welche im Dünnschliff gleichmäßig verteilt erscheinen. Gelegentlich verzwillingter Biotit in euhedralen Kristallen erscheint teilweise in Chlorit umgewandelt. Auch kommt Muskovit verwachsen mit Chlorit vor, Beziehungen zwischen beiden Mineralien annehmlich machend.

Akzessorische Mineralien sind Apatit und Erz.

Aplite.

NE von Sulit Air kommen schmale Aplitgänge vor. Im allgemeinen scheinen, wie bereits K i m p e (op. cit. S. 47) bemerkte, dieselben auf die Innenzone der Granodiorite beschränkt zu sein. Nach K i m p e bestehen beide bei Sulit Air gesammelten Proben Aplits beinahe zur Gänze aus Mikroklin, Albit und Quarz in typischer mikropegmatitischer Verwachsung.

Lamprophyre.

Am Weg von Sulit Air nach Telawi ist ein schmaler Gang eines diabasähnlichen, stark verwitterten Gesteins aufgeschlossen. Genommene Proben erwiesen sich unter dem Mikroskop als sehr unfrisch.

Bemerkungen zu Geologie und Tektonik.

Von einer systematischen Beschreibung der abgegangenen Routen wird abgesehen, sondern nur einige Details, die in der Karte nicht eingezeichnet werden konnten, angeführt[11].

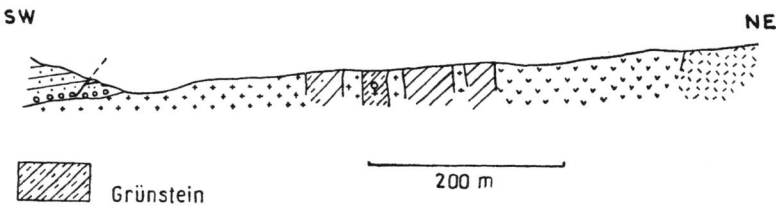

Abb. 2.

Kompliziert ist das im B. Rimbutadji aufgeschlossene Profil, weswegen es nachstehend in größerem Maßstab als dem der Karte wiedergegeben wird.

Für die Bedeutung der übrigen Signaturen siehe die geologische Karte. Erwähnenswert sind auch Details aus dem im B. A. Sangkurawang aufgeschlosenen Profil. Die Lokalität, bei welcher der Granodioritgang im Quarzkeratophyr aufgeschlossen ist, heißt Lubuantuan. Der Gang ist mehrere Meter breit und weist zahlreiche kleine, basische Fische auf, wie sie für den hier vorkommenden Granodiorit sehr typisch sind. Der Quarzkeratophyr führt in der Nähe des Kontaktes zahlreiche Nester Quarzes.

Am Kontakt zwischen Quarzkeratophyr und Gabbro sind in letzterem eine Anzahl schmaler Gänge eines epidotreichen Gesteins vorhanden, das vermutlich hydatogenen Ursprungs ist. K i m p e (op. cit. S. 87) beschrieb solche Gesteine von einem Granodioritmarmor-Kontakt im B. Timbulun. Über die Tektonik ist sehr wenig auszusagen. Die geringe Anzahl von Aufschlüssen auf den beiden großen Hornfelskomplexen Sibumbunbatina und Sibumbundjantan und die die Schichtung verwischenden kontaktmetamorphen Umwandlungen sind hierfür verantwortlich.

[11] Der detaillierte Aufnahmebericht liegt am Geologischen Dienst in Bandung auf.

Wichtigere Störungen scheinen jene beiden zu sein, welche im B. Timbulun und im B. A. Sangkurawang zu sehen sind. Es handelt sich um breite Störungszonen, in welchen die betroffenen Gesteine intensiv verknetet sind. Der weitere Verlauf der Störungen und ihr Charakter sind nicht zu erkennen.

Ein unbedeutender Bruch von $1^{1}/_{2}$ m Sprunghöhe ist im B. Rimbutadji zu sehen (siehe nebenstehendes Profil).

Der Marmorkomplex des Gk. Tambang, Gk. Bulat und des Bt. Batubaru dürfte eine Synklinale formen.

Im großen besehen, ist das Sibumbungebirge ein Intrusionsgebiet, dessen Stöcke oder Batholithen unregelmäßige Oberflächen aufweisen. In ihren Vertiefungen haben sich Überreste der prätertiären kontaktmetamorph veränderten Gesteine erhalten.

II. Erzvorkommen im Sibumbungebirge und benachbarten Gebieten.

(Mit Beilagen 3 und 4.)

Einleitung und Zusammenfassung.

Seit 100 Jahren sind Kupfer- und Eisenerzvorkommen im Padanger Oberland bekannt (H u g u e n i n 1854). Mit Ausnahme von W i e s s n e r s unveröffentlichtem Rapport aus dem Jahre 1931 über die am Oberlauf des B. Sumpahan vorkommenden Kupfererze sind die Arbeiten V e r b e e k s (1876) und v a n S c h e l l e s (1877) die letzten, die sich auf persönliche Felderfahrung stützen. Spätere Veröffentlichungen beinhalten zusammenfassende Übersichten (z. B. d e J o n g h 1917 und v a n B e m m e l e n 1949). K i m p e (op. cit.), der die von B r o u w e r angelegte Gesteinssammlung untersuchte, beschäftigte sich mit der Frage nach der Genese der im Sibumbungebirge vorkommenden „dissiminated copper ores".

An einigen der Vorkommen im Padanger Oberland wurden im vorigen Jahrhundert Abbauversuche durchgeführt, die jedoch alle fehlschlugen. Erst im zweiten Weltkrieg unternahm eine japanische Firma einen breiter angelegten Versuch, die Kupfererzvorkommen bei Timbulun im Tagbau aufzuschließen. Die Tagesproduktion ging jedoch über einige Tonnen nie hinaus. Die Werkanlagen sind nunmehr verfallen.

Da uns nur wenig Zeit zur Verfügung stand, beabsichtigten wir keine tiefgehenden Untersuchungen anzustellen, sondern uns eine Übersicht über die Erzvorkommen in der Gegend des Singkarak-Sees zu verschaffen, vielleicht neue zu entdecken und Hinweise auf die weiterhin zu unternehmenden Forschungen zu finden. Die gewünschte Übersicht zu erhalten, gelang nur teilweise. Einmal, weil der Kürze der Zeit wegen zwei kleinere Vorkommen, Simawang und Si Mabur, nicht besucht werden konnten, und ferner, weil es nicht gelang, die Vorkommen bei Kp. Linawan und am Oberlauf des B. Sumpahan wieder aufzufinden. Zwei — allerdings unbedeutende — Eisenerzvorkommen wurden am NW-Hang des Gk. Batubalai und bei Kp. Kubang entdeckt. Die Untersuchungen ergaben, daß von allen Vorkommen nur jenes bei Timbulun möglicherweise wirtschaftlichen Wert besitzt.

Die Erzvorkommen lassen sich folgenden Typen zuweisen:

1. „Dissiminated copper ores" in hydrothermal verändertem Granat- und Hornfels, Dazit und Andesit am Kontakt gegen Granodiorit. Daneben sind noch vereinzelt Kupfererzmineralien im Granodiorit selbst zu finden (Timbulun, Batu Tiga, Kp. Linawan, Kp. Gantingbaringin).

2. Pyrometasomatische Eisenerzgänge, teilweise mit Kupfererzmineralien. Die Gänge kommen immer in der Nachbarschaft von Granodiorit vor, und zwar in Dazit, Granatfels, verkieseltem Paläozoikum und in einer regionalmetamorphen Serie (Gk. Batubalai, Batu Mendjulur, Kp. Panjinggahan, Kp. Kubang).

3. Hydrothermale Kupfererzgänge in Diabas und am Kontakt Diabas-Kalk (B. Sumpahan und wahrscheinlich Kp. Sibrambang).

4. Ein Kuriosum ist das in der Literatur wiederholt angeführte Vorkommen von gediegenem Kupfer bei Kp. Pasilihan. Nach unseren Untersuchungen stammt dasselbe von vererzten Rollstücken eines Kontaktgesteins im Basiskonglomerat der oligozänen Sandsteinserie.

Die Kupfererzlagerstätte Timbulun.
(Mit Beilage 4.)

Einleitung.

Der Name leitet sich von dem Flüßchen Timbulun ab, das in dem von Bt. Tembaga, Bt. Sibumbunbatina, Bt. Pisalak, Bt. Sibumbundjantan und Bt. Tambangbardojong geformten Kessel seinen Ursprung hat. Seinerzeit gab es an den Hängen des engen Tales etliche verstreute Hütten, die Kp. Timbulun genannt wurden. Die Strecke gehört zu dem Gebiet des Desas Sulit Air[12], das etwa

---

[12] Desa ist etwa unserem Bezirk gleichzusetzen.

Additional information of this book

Die Geologie Des Sibumungebirges, Nebst Beschreibung Der Hier Und In Benachbarten Gebieten Liegenden Erzvorkommen (mittel-sumatra);978-3-662-24131-8;978-3-662-24131-8_OSFO2) is provided:

http://Extras.Springer.com

20.000 Seelen zählt. Da die Gegend recht unfruchtbar ist, sind nach Angaben des Wali (etwa Bezirkshauptmann) von Sulit Air hiervon etwa 8000 Menschen während des größten Teiles des Jahres als Händler über ganz Indonesien verstreut.

Sulit Air ist von der Bahnstation Singkarak der Bahnlinie Padang—Sawahlunto aus, wo eine geschotterte Straße von dem großen Weg Bukittinggi—Solok abzweigt, per Auto zu erreichen. Dieser Autoweg bedarf ständiger Pflege, da Regenfälle in kurzer Zeit im Stande sind, schwere Schäden anzurichten. Bis in das Jahr 1943 bestand von Sulit Air aus zu den nördlich liegenden Dörfern nur ein schmaler Pfad als Verbindung, allein von Menschen und Tragtieren benützbar. Im genannten Jahr jedoch wurde von der japanischen Besatzungsmacht ein bereits vorhandener Weg nach Timbulun zu einer Straße verbreitert, die stellenweise die Breite zweier Lastautos besitzt. Die mit einigen argen Steigungen versehene Straße ist, soweit sie über aufgeschüttete Dämme oder über primitive kurze Brücken läuft, nicht mehr befahrbar. Wo die Straße jedoch durch Abgrabung entstand, genügen wenige Arbeitstage, um den angehäuften Schutt zu beseitigen und somit die Straße für Autos wiederum befahrbar zu machen.

Geschichtliches.

Die Kupfererzvorkommen wurden erstmalig von H u g u e n i n (1854, S. 227) näher beschrieben, nachdem bereits M a i e r (1852, S. 835, und 1853, S. 271) Erzproben analysiert hatte. Er kam zu einem Kupfergehalt von 14,777% (!). Nach der Meinung H u g u e n i n s liegen 5 etwa N—S laufende Kupfererzgänge vor: Drei durch den Bt. Tembaga (Kupferberg) und Bt. Tambangbardojong und zwei in der Nähe des jetzt verlassenen Kp. Puisala (Pisalak 1). V a n D i j k (1864, S. 93) war der nächstfolgende Untersucher. Auch er nahm an, daß die Kupfererze in Gängen („Adern") auftreten. Im Gegensatz zu H u g u e n i n nannte er zwischen Bt. Tembaga und Kp. Pisalak 1 jedoch 16 Kupfererzgänge. Tatsächlich treten auf dem Rücken zwischen Bt. Tambangbardojong und Kp. Pisalak in Marmor und Hornfels eine ganze Anzahl Einschaltungen von vererztem Granatfels auf, die der Anlaß für v a n D i j k s Annahme gewesen sein dürften. V a n D i j k nannte einen durchschnittlichen Kupfergehalt der Erze von 9,5 bis 10%, der nach der Tiefe zu auf 4,5% abnehmen sollte. Genannter Autor unternahm am Fuße des Bt. Tembaga Schmelzversuche unter Verwendung in der Nähe entdeckter Kohlen. Auch verwies er auf die Möglichkeit, die Kraft des B. Timbulun nutzbar zu machen. Auch nach Verbeek (1876, S. 78) soll der Kupfergehalt der Erze an der Oberfläche stets größer sein als in der Tiefe. Er gab jedoch keine Analysen bekannt. Verbeek vertrat bereits die moderne Auffassung, daß die Erze von Timbulun nicht in Gängen, sondern in unregelmäßiger Verteilung vorkämen.

Die Lagerstätte.

Ein Granodioritbatholith ist in eine vermutlich jungpaläozoisch-triassische Serie von Kalken, Mergeln und Tuffen eingedrungen, diese Gesteine hierbei in Hornfelsen, Marmore und Granatfelsen umwandelnd.

Bei der Entstehung der verschiedenen Kontaktprodukte können wir mit Kimpe (op. cit.) zwei Phasen unterscheiden:

1. Eine thermische Phase und
2. eine metasomatische Phase, welche wiederum untergeteilt werden kann in

a) eine pneumatolytisch-metasomatische Phase,
b) eine hydrothermal-metasomatische Phase.

Während der thermischen Phase geschahen alle jene Veränderungen, bei welchen die Temperatur eine ausschlaggebende Rolle spielt und keine Stoffzufuhr in größerem Ausmaß stattfand. Es entstanden Marmore und z. T. auch Hornfelsen.

Die pneumatolytisch-metasomatische Phase war durch Stoffzufuhr von SiO_2, Al, Fe, Ti und möglicherweise auch Mg in den Marmor gekennzeichnet, wobei hauptsächlich aus Granat, Diopsid, Titanit, Wollastonit und Vesuvian bestehende Kontaktgesteine entstanden. In der endomorphen Kontaktzone des Granodiorits fand Zufuhr von Kalzium statt, wobei Diopsidisierung und Bildung von Granat vor sich ging.

Diese Phase ging allmählich in die hydrothermal-metasomatische über, in welcher vor allem Wasser eine ausschlaggebende Rolle spielte. Es entstanden Kalifeldspat und Albit, Tremolit, Aktinolit, Serpentin, Talk, Chlorit, Prehnit, Mineralien der Epidot-Zoisit-Gruppe, Quarz, Kalzit und Erz. An Erzmineralien treten Chalkopyrit, Bornit, Covellin, Chalkosin, selten Fahlerz, Magnetit, Molybdänit, möglicherweise Scheelit-Powellit auf. Einzelne der genannten Mineralien mögen bereits in der pneumatolytischen Phase entstanden sein, andere eventuell aus der Zementationszone stammen. Eine Imprägnierung mit Pyrit fand wahrscheinlich bereits bei niedrigen Temperaturen statt. Mineralien der Oxydationszone sind Malachit, Azurit und Limonit.

Die Verteilung der Erzmineralien ist sehr unregelmäßig. Im allgemeinen sind die Granatfelsen weitaus stärker vererzt als die Hornfelsen, während die Marmore praktisch frei von Erzmineralien sind. Die Granatfelsen wiederum sind dort am stärksten vererzt, wo sie auf einer Kuppel im Granodiorit mit etwa 18° Flankengefälle liegen (siehe Abb. 3). Auch alle anderen Vorkommen Granatfelsens zeigen zumindest Spuren von Vererzung, speziell jene bei Batu Mendjulur und W von Kp. Bulaan.

Der Granodiorit selbst zeigt Vererzung in der endomorphen Kontaktzone im B. Timbulun und auch in der Innenzone. Hier war Verbeek der erste (op. cit., S. 75), der aus der Gegend der Einmündung des B. Pandjang in den B. Linawan im N von Kp. Linawan Kupfererzmineralien aus dem Granodiorit beschrieb. Seinen

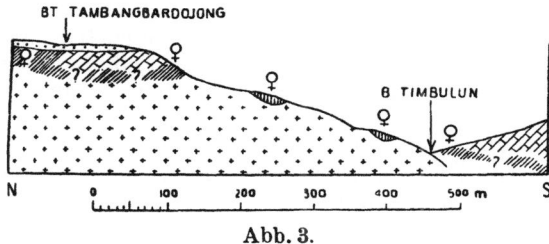

Abb. 3.

Angaben zufolge soll der Granodiorit hie und da von Kupferkies und Kupferlasur durchzogen sein und sich Malachit auf Spalten abgeschieden haben. Außer diesem Vorkommen soll es Verbeek zufolge noch „ein paar andere geben". Er unterließ es jedoch, dieselben näher zu lokalisieren.

De Haan (1943, S. 87) beschrieb eine aus Verbeeks Sammlung stammende Gesteinsprobe aus dem Linawan Tal, welche er von einem hydrothermal veränderten Granit abstammend erklärte. Hierin bestimmte er Kupferkies, Bornit, Covellin, Chalkosin, Malachit, Magnetit, Hämatit und Limonit. In einer neueren Arbeit (1949) untersuchte der gleiche Autor die Möglichkeit, in dem Granodioritbatholithen in einiger Tiefe auf eine kupferreiche Zementationszone zu stoßen. Er hielt zwar die Wahrscheinlichkeit hiefür nicht sehr groß, schlug jedoch nähere mikroskopische Untersuchungen an Oberflächenproben, wenn nötig von Bohrungen gefolgt, vor.

Wir konnten das von Verbeek beschriebene Vorkommen bei Kp. Linawan nicht zurückfinden, entdeckten dagegen E von Kp. Gantingbaringin in einem hydrothermal veränderten Granodiorit Spuren von Kupfererzmineralien und Pyrit.

Analysen von Timbulun-Erzen
ausgeführt vom Laboratorium des Geologischen Dienstes in Bandung

	Timb. 1	Timb. 2	Timb. 3	Timb. 4	Timb. 5
	in Prozenten				
SiO_2	39,16	37,48	36,18	42,64	37,66
Cu	0,70	1,33	0,89	0,29	0,78
Fe_2O_3	13,55	17,39	20,45	21,75	11,29
CaO	31,47	31,68	32,99	29,33	34,74
MgO	3,29	1,98	2,27	0,79	1,44
Mo	—	—	—	—	—
W	—	—	—	—	—
Aug gr/ton	0,2	0,2	Spur	0,6	0,6

Die Nummern der Proben stimmen mit den auf Beilage 4 angegebenen Ziffern überein. Obige Werte sind als durchschnittlich anzusehen, da die Proben einer Menge zerkleinerten Erzes von 20 bis 40 kg entnommen wurden. Die Proben 1, 3, 4, 5 wurden von Schürfgräben[13] entnommen, welche von den Japanern angelegt wurden. Die Probe 2 stammt aus der obersten am Bt. Tembaga angelegten Etage, deren Sohle 6—8 m von der Oberfläche entfernt ist. Letztgenannte Probe dürfte anscheinend aus der Zementationszone stammen, die erstgenannten aus der Oxydationszone. Hiermit ist als sehr wahrscheinlich erwiesen, daß der Kupfergehalt nach der Tiefe zunimmt — Van Dijks und Verbeeks Angaben entgegen.

„Dissiminated copper ores" bei Batu Tiga.

Das Vorkommen ist am besten von Sulit Air aus über einen schmalen Pfad in $1^1/_2$- bis 2stündigem Marsch'zu erreichen. Das Gebiet, welches zum Desa Sulit Air gehört, liegt sehr verkehrsfeindlich.

Auch von hier stammt die erste Mitteilung von Maier (1852, S. 836), der den Kupfergehalt zweier Erzproben mit 14,582% bzw. 12,231% bestimmte. Ungezweifelt stand ihm, ebenso wie bei den Erzen von Timbulun, ausgesuchtes Material zur Verfügung. Huguenin (1854, S. 24) zufolge leitet sich die Bezeichnung Batu Tiga von dem Namen eines nächst den Vorkommen liegenden Dörfchens ab. Ein Dorf dieses Namens existiert an der angegebenen Stelle nicht mehr, sondern hier liegt das Dorf Simpata (Limpato?). Da sich der Name „Batu Tiga" für dieses Vorkommen in der Literatur bereits eingebürgert hat, schlagen wir keinen anderen Namen vor.

[13] Die hier tätige japanische Firma hieß: TAMBULUN KABUSHIKI KAISHA.

Huguenin (op. cit.) verwechselte in seiner Beschreibung die Namen zweier nebeneinander liegender Berge, nämlich des Bt. Limpato und des Gk. Batubalai. Van Dijk (1864) stellte den Fehler richtig. Huguenin zufolge soll das Erz in Syenit liegen und unregelmäßig verteilt sein. Van Dijk (op. cit., S. 100) nimmt dagegen mehrere Erzgänge an. Verbeek ließ einen Stollen anlegen, um zu untersuchen, ob auch in einiger Tiefe Erz vorkomme. Hierbei stellte sich heraus, daß nur ab und zu unbedeutende Erznester zu finden sind. Der Stollen ist mittlerweile eingestürzt, das gebrochene Erz jedoch noch vorhanden.

Hier treten „dissiminated copper ores" in „Grünstein", in Hornfels, auffallenderweise untergeordnet in hydrothermal stark verändertem Andesit bzw. Dazit am Kontakt gegen Granodiorit auf. Selten sind Kupfererzmineralien auch in der hydrothermal veränderten Randzone des Granodiorits zu finden. Es sind folgende Erzmineralien vorhanden: Chalkopyrit, Magnetit, Pyrit, Azurit und Limonit. Auch hier dürfte die Vererzung durch eine flache Aufwölbung in dem Granodioritbatholithen kontrolliert sein. Das Vorkommen ist wirtschaftlich unbedeutend, und die Aussichten, bei weiteren Untersuchungen auf abbauwürdige Vorkommen zu stoßen, sind als gering zu achten.

Das Eisenerzvorkommen bei Batu Mendjulur.

Batu Mendjulur liegt am Weg von Sulit Air nach Telawi und ist von erstgenanntem Ort in etwa $1^{1}/_{2}$- bis 2stündigem Marsch zu erreichen. Das Vorkommen wurde erstmalig von Huguenin (1854, S. 237) beschrieben, der die Lokalität Batoe Mendjoeloe (sprich Batu Mendjulu = aufragender Fels) nannte. Zitierter Autor lieferte recht brauchbare Daten. Verbeek (1876, S. 77) bemühte sich vor allem, die Entstehung der Erze zu erklären. Seine Deutung kommt modernen Auffassungen sehr nahe.

Es liegt eine Erzplatte von unregelmäßiger Form vor, welche ausschließlich in Granatfels liegt und Breiten bis um 1 m besitzt. Die Hauptmasse des Erzes besteht aus Magnetit, der, soweit er mit den Atmosphärilien in Berührung kam, meist in Limonit umgewandelt ist. Daneben sind ganz untergeordnet Pyrit und Spuren Malachits zu finden. Huguenin (op. cit.) zufolge kam am Bt. Tjerai, in einigem Abstand von dem großen Erzkörper, ein kleines Nest Bleiglanzes vor, das seinerzeit ausgebeutet wurde. Bei der neuerlichen Begehung wurden keine Spuren Bleiglanzes vorgefunden. Das Eisenerz ist auf dem Rücken des Bt. Tjerai gut aufgeschlossen. Es liegt hier wie auch am Bt. Godang in pneumatolytisch-hydrothermal verändertem und vererztem Granatfels. Die Streichrichtung des Erzkörpers ist etwa 20°, die Fallgröße ist nicht meßbar. Der Erzkörper dürfte sich am Bt. Tjerai in die Tiefe zu aufsplittern. In einem ungefähr senkrecht zur Streichrichtung des Erzkörpers im Fuße des Bt. Tjerai vorgetriebenen, etwa 14 m tiefen Stollen, der von V e r b e e k angelegt wurde, sind nämlich nur noch vereinzelte Erznester zu finden. Dagegen ist die Fortsetzung des Erzkörpers nach N im B. A. Sangkurawang zu erkennen. H u g u e n i n und V e r b e e k nahmen an, daß hier der Gang von mehreren Brüchen zerstückelt sein müsse. Der Erzkörper, der hier in Gangform vorliegt, springt nämlich am S-Ufer des Baches etwas nach E vor. Tatsächlich ist es nicht ausgeschlossen, daß hier Brüche auftreten, da auch Harnische beobachtet wurden, jedoch ist infolge der Unregelmäßigkeit, welche Erzkörper dieser Type meist besitzen, ein Beweis schwierig zu führen. H u g u e n i n (op. cit.) beschrieb außer dem erwähnten Erzkörper einen etwa 10 cm breiten Gang Magnetits an der Grenze von Granatfels und Marmor, den wir nicht zurückfanden. Dagegen wurde ein grobkristalliner Kalzitgang in dem benachbarten Marmor beobachtet.

Jenseits des Baches ragt der Batu Mendjulur an die 12 m hoch empor. Er ist eine schmale Felsrippe am SE-Hang des Bt. Godang, die in ihrem mittleren Teil aus der bereits beschriebenen Eisenerzplatte besteht. Die Streichrichtung ist nunmehr 50°, der Einfallswinkel ist etwa 80°. An der Stelle, wo das obere Ende des Batu Mendjulur sich dem E-Hang des Bt. Godang verbindet, ist ein weiterer Knick in der Streichrichtung der Erzplatte zu erkennen. Dieselbe streicht nunmehr mit etwa 60°. Möglicherweise liegt hier eine Störung vor. Der Erzkörper ist nur noch über eine kurze Strecke zu verfolgen und hört dann plötzlich auf.

Z u s a m m e n f a s s e n d i s t z u s a g e n: Bei dem Erzvorkommen Batu Mendjulur handelt es sich um eine linsenförmige, hauptsächlich aus Magnetit bestehende Erzplatte, die den Kompaßmessungen zufolge eine schüsselartige Form haben dürfte und steil nach E eintaucht. Die Länge des Erzkörpers beträgt etwa 150 m, die maximale Dicke etwa 1 m. Das Vorkommen ist wirtschaftlich unbedeutend.

Ein Eisenerzvorkommen bei Kp. Kubang.

Das Vorkommen ist in ungefähr $^1/_2$- bis $^3/_4$stündigem Marsch von der Bahnstation Silungkang, die gleichzeitig Durchgangsort der großen Straße Solok—Sawahlunto ist, zu erreichen. Es wurde während Kartierungsübungen von dem Studenten S u t a r j o S i g i t entdeckt und von uns näher untersucht. Etliche hundert

Meter flußabwärts von der Brücke, über welche der Weg in Richtung Lumindej, Kadjai und weiter nach Sibrambang läuft, liegen in etwa 80 m Entfernung von Granodiorit 5 Erzkörper — von W nach E mit A bis E bezeichnet — eng nebeneinander in total verkieseltem Sedimentgestein. Dasselbe ist ident mit den „kiezelleien" Verbeeks und ist wahrscheinlich paläozoisch. Die Streichrichtung dieser Erzkörper variiert zwischen 250° und 270° und ist damit parallel der Grenzlinie Granodiorit—verkieselte Serie. Die Fallwinkel schwanken zwischen 20° und 30°.

An Mineralien kommen Magnetit, Pyrit, Limonit und Quarz vor. Herrn Dozent Dr. W. Siegl zufolge hat die Verkieselung der

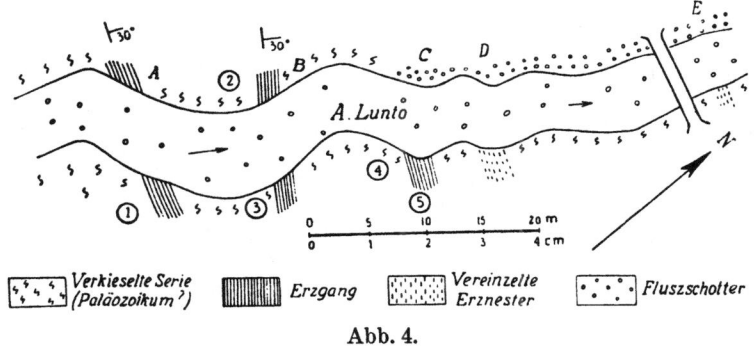

Abb. 4.

Serie nach der Vererzung stattgefunden. Es ist zu vermuten, daß die Vererzung teilweise längs Schichtfugen vor sich ging. In der verkieselten Serie selbst ist im allgemeinen Streichen und Fallen nicht mehr erkennbar.

Die Ziffern geben die Nummern der Proben an, die analysiert wurden. Erzkörper A ist am N-Ufer etwa 2 m dick. Das Erz ist hier äußerst hart und widerstand den Bemühungen, von hier eine Probe zwecks Analyse zu nehmen. Das Erz am S-Ufer war leichter zu brechen, weswegen von hier die Probe 1 genommen wurde. Erzkörper B besitzt ebenfalls eine wahre Dicke von etwa 2 m. Die Streichrichtung des Erzkörpers C war nicht zu bestimmen, da das Erz am gegenüberliegenden Ufer durch Flußschotter bedeckt war. Der Fallwinkel dürfte nach Beobachtungen am darüberliegenden Hang sich um 20° bewegen. Die Mächtigkeit des Erzkörpers ist $1^1/_2$ bis 2 m. Bei der mit D angegebenen Stelle liegt kein kompakter Erzkörper vor, sondern eine 2 bis 3 m breite Zone mit stellenweiser Vererzung. Unterhalb der in der Abbildung eingezeichneten Brücke,

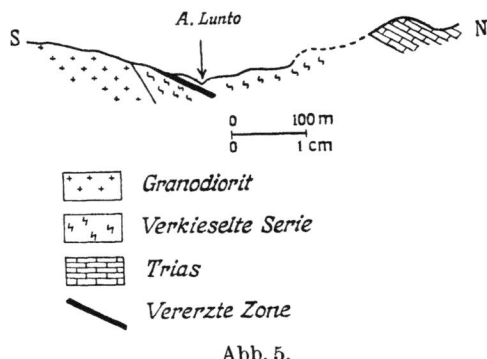

Abb. 5.

gegenüber der Moschee, sind Spuren Erzes zu finden (E). Sämtliche hier beschriebenen Erzkörper sind auch längs eines Pfades aufgeschlossen, der 15 bis 20 m über dem Fluß am südlichen Hang verläuft. Nachdem hier die Aufschlüsse der Erzkörper einander näher gerückt sind, ist anzunehmen, daß die Fallwinkel derselben voneinander verschieden sind. Da außerdem die Dicke der Erzkörper im allgemeinen geringer ist als im Fluß, dürfte wohl die Annahme gerechtfertigt sein, daß die Erzkörper linsenartige Form besitzen und wahrscheinlich nicht sehr tief reichen. Über den mit (E) bezeichneten Erzspuren, am Rande des Weges in einem durch Auslaugung entstandenen Hohlraum, liegen Kieselskelette, welche von der Verwitterung einstmals vorhandenen Erzes übrigblieben. Sulfatspuren verursachen einen bitteren Geschmack.

Analysen von Kubang-Erzen
ausgeführt vom Laboratorium des Geologischen Dienstes in Bandung

	1'	2'	3'	4'	5'
	in Prozenten				
H_2O	4,37	5,77	1,26	0,65	0,87
Cu	0,03	0,003	0,016	0,008	0,008
SiO_2	33,53	19,55	23,40	35,00	28,54
Fe	26,20	31,42	24,30	20,18	22,13
Ca	0,56	0,36	6,13	7,90	9,13
S	21,04	26,38	13,96	9,55	10,62
Au	Spur	Spur	Spur	Spur	Spur
Ag	Spur	Spur	Spur	Spur	Spur

Wie aus den Analysen ersichtlich, ist das Vorkommen nicht abbauwürdig.

Die Geologie des Sibumbungebirges (Mittel-Sumatra).

Ein Eisenerzvorkommen am Gk. Batubalai.

Während der Kartierungsarbeiten im NW des Sibumbungebirges wurde ein mehrere hundert Meter langer Eisenerzgang in hydrothermal verändertem Dazit entdeckt (siehe geologische Karte, Beilage 1). Derselbe besteht aus Magnetit, Pyrit und Limonit und besitzt Dicken von 30 cm bis 1 m. Neben diesem Gang dürften auch noch unregelmäßige Erzkörper vorhanden sein. Das Vorkommen ist wirtschaftlich unbedeutend.

Das Eisenerzvorkommen bei Kp. Panjinggahan.

Am W-Ufer des Singkarak-Sees, nahe seinem S-Ende, liegt das Kp. Panjinggahan. Das Dorf ist per Auto über die am W-Ufer verlaufende Straße aus Richtung Bukittinggi oder Solok zu erreichen. In der Nähe der genannten Ortschaft mündet ein Bach gleichen Namens in den See. Dieses Gewässer hat ein hauptsächlich aus Kalksinter bestehendes Delta in den See vorgebaut. Geht man den Fluß aufwärts, so stößt man, ungefähr dort, wo die Uferwände steiler zu werden beginnen und enger zusammentreten, auf anstehendes Gestein: Phyllite, Kalke und gneisartiges Gestein. In dieser Serie liegt das seit Huguenin (1854, S. 248) bekannte Eisenerzvorkommen, das genannter Autor als gangförmig ansah. Van Dijk (1864, S. 89) gab hiervon ein mit viel Phantasie gezeichnetes Kärtchen und ein ebensolches Profil. Er stellte eine nähere Untersuchung mit Hilfe von Schürfgräben und Stollen an und kam zu dem Schluß, daß die Adern, wie er die Erzkörper nannte, von Brüchen zerstückelt sein müßten. Van Schelle (1877, S. 3), dessen Beschreibung sowie Kärtchen (Maßstab 1 : 10.000) und Detailskizzen ausgezeichnet sind, fand dagegen, daß die Erze in Nestern vorkommen und gelegentlich durch dünne Erzschnüre verbunden sind.

Es wurden folgende Mineralien bestimmt: Vor allem Magnetit, dann Pyrit, Limonit, sehr untergeordnet Kupferkies, Malachit, Azurit, Quarz und Kalzit. Der Magnetit ist aus Hämatit entstanden. Gleichzeitig mit dieser Umwandlung wurde Kupferkies gebildet. Hier ist, wie bei den übrigen Vorkommen, ebenfalls Granodiorit als Erzbringer anzusehen, doch liegt derselbe in diesem Falle in einem größeren Abstand im SW von Panjinggahan. Die Zusammenfassung am Schlusse der Arbeit van Schelles (op. cit.) ist so zutreffend, daß wir sie am besten wiederholen, da wir zu keinen wesentlich anderen Ergebnissen kamen (in Übersetzung und mit einigen kleinen Abänderungen):

1. In der Nähe von Panjinggahan kommen an beiden Ufern des Flusses gleichen Namens in einer regionalmetamorphen Serie einige Erznester geringen Ausmaßes vor.

2. Das Erz ist hauptsächlich Eisenerz, und Kupfererzmineralien treten darinnen in schmalen Gängen auf, ohne jedoch einen Hauptbestandteil der gesamten Erzmasse auszumachen.

3. Von etlichen Erzbrocken, welche auf den Talhängen lose herumliegen, wurde die Herkunft noch nicht gefunden.

4. Die Erzvorkommen sind, sowohl was die Quantität als auch die Qualität anbetrifft nicht abbauwürdig.

5. Die alte Annahme, hier sei ein System von parallel laufenden Gängen vorhanden, ist unrichtig.

Bemerkungen zur Genese und zur relativen Altersstellung der Eisenerzgänge hinsichtlich der „dissiminated copper ores".

Es erscheint uns als wahrscheinlich, daß die „dissiminated copper ores" und die Eisenerzgänge zu verschiedenen Zeiten entstanden sind. Die Eisenerze dürften gleichzeitig mit der Intrusion des Granodiorits gebildet worden und somit als pyrometasomatisch zu bezeichnen sein. Die „dissiminated copper ores" dagegen verdanken ihre Entstehung den der Intrusion folgenden pneumatolytisch-hydrothermalen Prozessen. Unterstützt wird diese Annahme durch die Ergebnisse von Siegls Untersuchung der Erze von Kubang. Der dort vorkommende Granodiorit, der mit jenem des Sibumbungebirges zu einem Batholithen gehört, ist von einer etwa 700 m breiten Aureole von verkieselter paläozoisch-triassischer Serie umgeben. Diese Verkieselung muß nach der Entstehung der Eisenerze stattgefunden haben, nämlich in einer darauffolgenden hydrothermalen Phase. Es liegt nahe, diese hydrothermale Phase altersgleich jener des Sibumbungebirges zu setzen.

Unser Wissen zusammenfassend, erhalten wir folgende Reihung:

1. Entstehung der pyrometasomatischen Eisenerze.
2. Bildung der pneumatolytisch-hydrothermal-metasomatischen „dissiminated copper ores".
3. Pyritisierung bei niedrigen Temperaturen.
4. Entstehung von goldführenden Quarzgängen.

Eine gewisse Ausnahmestellung nimmt das Vorkommen bei Kp. Panjinggahan ein, doch besitzen wir zu wenig Anhaltspunkte, um hierauf näher eingehen zu können.

Die Vorkommen von Kupfererzmineralien bei Kp. Sibrambang.

Kp. Sibrambang ist von Silungkang aus in mehrstündigem Marsch zu erreichen. Ein kürzerer Weg jedoch führt von Kp. Tandjong Balit (im SE von Sulit Air gelegen) dorthin.

Huguenin (1854, S. 245) berichtete als erster über Funde von Kupfererzmineralien. Als Fundstellen nannte er unter anderem die W-Hänge der Berge Sibumbundjantan, Sibumbunbatina und Papan. Ferner noch verschiedene Lokalitäten längs des Weges Sibrambang—Silungkang, den W-Hang des Bt. Godang, den Bt. Bekokko und „alle übrigen Berge rund um Sibrambang". Bei Kp. Sibrambang solle eine andere Art Syenits als bei Timbulun vorkommen, als Folge wovon die Erze einer anderen Type angehören sollten. Die Beschreibung, welche Huguenin von diesem „Syenit" gibt, ist sehr merkwürdig, so daß wir uns nicht im klaren sind, um welche Gesteinsart es sich hier handeln sollte. Teilweise lägen Erzmineralien auf „quarzigen Gängen" vor, teilweise in einer „granatartigen Grundmasse, sehr feinem Syenit und Grünstein".

An Erzmineralien sollten Kupferoxyde und Kupfersulfide, Malachit und Kupferlasur, selten Buntkupfererz vorkommen. Ein unbekanntes Mineral ist jenes, das Huguenin Kupferjaspis nennt. Im großen und ganzen besehen sollen diese Erzmineralien hauptsächlich in unregelmäßiger Verteilung, untergeordnet auch in Gängen vorkommen.

Verbeek (1883, S. 566) zufolge sind Kupfererzmineralien zwar hauptsächlich in der Umgebung von Kp. Sibrambang zu finden, daneben aber auch in weiter abgelegenen Gebieten in Richtung Silungkang. Dieselben sollen auffallenderweise immer in der Nähe des Kontaktes Diabas-Kalk liegen. Kp. Sibrambang wurde erst von unserem vom Geologischen Dienst beigestellten Begleiter, Herrn Mohamad Tahir, im Juli 1953 besucht. Wir selbst kamen im April 1954 dorthin. Hierbei zeigte es sich, daß verschiedene Fundortangaben Huguenins falsch sind. Es gibt hier keine Berge namens Sibumbundjantan, Sibumbunbatina, Papan und Bekokko. Die drei erstgenannten Berge liegen im N von Sulit Air, der Bt. Bekokko ist gänzlich unbekannt. Möglicherweise ist derselbe mit dem Bt. Goke identisch.

Wegen der Kürze der zur Verfügung stehenden Zeit wurde keine geologische Aufnahme durchgeführt, sondern nur einige Exkursionen. Rund um Kp. Sibrambang bestehen die Berge entweder aus Diabas oder aus wahrscheinlich meist paläozoischen Kalken, in welchen an mehreren Stellen Fossilien, unter anderem Fusulinen, zu finden waren. Der von Huguenin genannte Bt. Godang besteht aus Diabas, der Bt. Goke (alias Bt. Bekokko?) aus paläozoischem Kalk. In unmittelbarer Nähe des Dorfes ist weder Syenit noch Granodiorit vorhanden. Letztgenanntes Gestein kommt wohl in einiger Entfernung in Richtung Kp. Kadjai vor. Auf Diabas und paläozoischem Kalk transgrediert die eozäne Mergelschieferabteilung, welche längs des Weges Tandjong Balit—Sibrambang mehrfach aufgeschlossen ist. Dieselbe bildet auch den Untergrund von Kp. Sibrambang. Außer dem prä-eozänen Diabas gibt es auch solchen, der in die Mergelschieferabteilung intrudiert ist.

Es wurden keinerlei Spuren Erzes gefunden. Eine flüchtige Durchsicht der im S. Lubuk Kankung — einem aus Richtung Kp. Kadjai an Sibrambang vorbeifließenden Bach — vorhandenen Gerölle von Erstarrungsgesteinen erbrachte: Granit, Granodiorit, Diabas, Porphyrit, alle Gesteine mit Gängen eines epidotreichen Gesteins, vermutlich hydatogenen Ursprungs, und ab und zu auch kleine Quarzgänge. Etliche Gerölle von Granodiorit und Diabas zeigten Pyritisierung. Pyritführend waren auch die durchwegs sehr dünnen Quarzgänge.

Nach den gemachten Beobachtungen zu schließen, sind die Angaben Huguenins im allgemeinen unrichtig, während es wohl, wie Verbeek angibt, grundsätzlich möglich ist, daß vereinzelt Kupfererzmineralien am Kontakt Diabas—Kalk vorhanden sind.

Hydrothermale Kupfererzgänge im Quellgebiet des B. Sumpahan.

Über diese Vorkommen liegt nur ein nichtveröffentlichter Rapport von Wiessner (1931) vor. Diesem Autor zufolge sollen im Oberlauf des B. Sumpahan und seiner Quellflüsse schmale 5, 15 und 20 cm breite Kupfererzgänge in Diabas vorkommen. Außerdem wären Kupfererzmineralien in dünnen Gängen am Kontakt Diabas—Kalk und als Überzüge zu finden. Gerölle dieser Erze seien sowohl im B. Sumpahan, als auch in seinen Nebenflüssen zu finden. Wiessner bestimmte folgende Mineralien: Tetraedrit, Covellin, Malachit, Azurit, Cuprit, gediegenes Kupfer, Quarz und Kalzit.

Dieser Bericht Wiessners, dem keine Fundortkarte beilag, wurde vor der Abreise nach Sumatra eingesehen. Auf seine Angaben hin suchten wir in mehreren Tagesexkursionen das Quellgebiet des B. Sumpahan ab, welches sich aus Diabas mit etlichen vermutlich triassischen Kalkinseln aufbaut. Hierbei wurden weder die anstehenden Erze noch Gerölle hiervon gefunden. Nach neuerlicher Einsichtnahme in ein Duplikat von Wiessners Rapport nach unserer Rückkehr, wurde nunmehr eine Fundortkarte vorgefunden. Derselben zufolge sind Gänge in 3 von den etwa 10 obersten schmalen Zuflüssen des B. Sumpahan eingezeichnet, die von uns tatsächlich nicht begangen wurden. Die Aussichten, in diesem Gebiet wirtschaftliche Kupfererzvorkommen zu entdecken, sind jedoch als gering zu achten.

Beobachtungen in der Umgebung von Silungkang zufolge, sind alle beiden Generationen von Diabasintrusionen (siehe Beschreibung von Sibrambang) jünger als die Intrusion des Granodiorits. Die mit den Diabasintrusionen in Verbindung stehenden hydrothermalen Kupfererzgänge sind daher jünger als die Eisenerze und auch die „dissiminated copper ores".

In dem Diabas kommen ferner zahlreiche Quarzgänge vor, die gelegentlich goldführend sein dürften. Möglicherweise sind dieselben altersgleich mit jenen aus dem Granodiorit von Sulit Air und Timbulun, möglicherweise gehören sie auch einer jüngeren Generation an.

Das Vorkommen von gediegenem Kupfer bei Kp. Pasilihan.

Kp. Pasilihan oder auch Kp. Pasilian geheißen, liegt im N des Sibumbungebirges am B. Umbilin. Von Sulit Air aus führt ein Fußpfad über den Sibumbunbatina und der E-Flanke des Bt. Sibumbundjantan dorthin. Huguenin (1854, S. 240) beschrieb von her gediegenes Kupfer. Es sollte aus „Grünstein" stammen, den der Autor wiederum als Gang in „Syenit" ansah. In der Nähe des Fundortes sollte sich weiters ein 10 cm breiter Gang Eisenerzes befinden, von welchem Maier (1852, S. 842) eine Probe analysierte. Verbeek (1876, S. 76) zeichnete das Vorkommen in seine Karte ein. Seinen Angaben zufolge befindet sich die Fundstelle des gediegenen Kupfers am Zusammenfluß von B. Tembaga und B. Pakajam. Kontaktgestein, zwischen Gabbro und Sandstein liegend, solle das

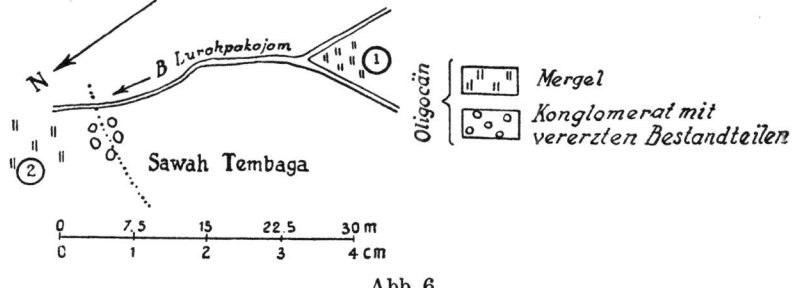

Abb. 6.

gediegene Kupfer enthalten. Das Kontaktgestein sei ein schmutzigbraunes, mergeliges Gestein mit zahlreichen kleinen Gängchen Kalkspats.

Dazu können wir folgendes bemerken: Bei der Lokalität Sawah Tembaga (Kupferfeld) im SW von Kp. Pasilihan führt ein schmaler Pfad, vom W kommend, über den B. Lurahpakajam, 20 m S vom Zusammenfluß zweier kleiner Bäche. Wo der Pfad in die ungefähr 5 m hohe Uferböschung eingeschnitten ist, liegt ein grobes Transgressionskonglomerat der oligozänen Sandsteinserie aufgeschlossen. Nach der an Ort und Stelle erfolgten flüchtigen Analyse besteht dasselbe aus Geröllen von Nußgröße bis 60 cm Durchmesser in einer sandig-mergeligen Grundmasse. Es sind Granodiorit, Quarzgabbro, Marmor, Horn-, Granat- und Epidotfels zu erkennen. Der Epidotfels zeigt Spuren von Vererzung. Aller Wahrscheinlichkeit nach stammt das gediegene Kupfer aus diesem Gestein, von welchem Mineral wir allerdings nichts mehr vorfanden. An den mit (1) und (2) bezeichneten Stellen liegt, gut aufgeschlossen, bläulichgrauer, tufföser Mergel.

Da diese Lokalität an der von Verbeek angegebenen Fundstelle liegt, und außerdem in der weiteren Umgebung nur Oligozän angetroffen wurde, erscheint es uns als erwiesen, daß es sich bei der eben beschriebenen Lokalität um die Fundstelle „Pasilihan" Huguenins und Verbeeks handeln müsse. Daß hier Gänge in der Sandsteinserie vorliegen könnten oder dieselbe kontaktmetamorph beeinflußt worden wäre, ist ausgeschlossen, da der hangaufwärts anstehende Gabbro bereits prätertiär intrudiert ist.

Literaturverzeichnis.

Bemmelen, R. W. van, The Geology of Indonesia II. Economic Geology. — Government Printing Office, 265 Seiten, The Hague 1949.
Brouwer, H. A., Over den post-carbonischen ouderdom van granieten der Padangsche Bovenlanden. — Versl. Kon. Akad. Wet. Amsterdam 23, S. 1182—1190, Amsterdam 1915.
— Studien über Kontaktmetamorphosen in Niederländisch-Ostindien IV. Quarzkeratophyr-Kalksteinkontakte im Sibumbungebirge nördlich vom See von Singkarak (Sumatras Westküste), und das geologische Alter dieser Eruptivgesteine. — Centralbl. f. Min., S. 169—182, Stuttgart 1918.
Dijk, P. van, Koperaders in de Padangsche Bovenlanden. — Naturkd. Tijdschr. Nederl. Ind. 27, S. 87—106, Batavia 1864.
Haan, W. de, Gissingen omtrent de geologische gesteldheid in de omgeving van het Singkarakmeer (S. W. K.). — Geologie & Mijnbouw 5, S. 86—89, 's-Gravenhage 1943.
— Bevat Sumatra „Porphyry Copper ores"? — Geologie & Mijnbouw 11, S. 162—164, 's-Gravenhage 1949.
Hoevig, P., De ertsafzettingen van Nederlandsch Indie. — Alg. Ing. Congr. 5e sectie, Mijnbouw & Geologie, 60 Seiten, Batavia 1920.

Huguenin, O., Mijnbouwkundig onderzoek der kopererts en in de residentie Padangsche Bovenlanden. — Natuurkd. Tijdschr. Nederl. Ind. **6**, S. 223—251, Batavia 1854.
Jongh, A. C. d e, Overzicht van de voornaamste tot dusver bekende vindplaatsen van kooper, lood en zink op Sumatra en omligende eilanden — Archiv Geol. Dienst 37 af, Bandung 1917.
Kimpe, W. F. M., De Eruptiva van het Siboemboen Gebergte en hun Contactgesteenten (Padangsche Bovenlanden Sumatra). — Dissertation, 141 Seiten, Amsterdam 1944.
Maier, P. J., Onderzoek van lood-, koper-, kwik-, en ijzererts en en van kolen door den Heer H. W. S c h w a n e n f e l d ter Westküst van Sumatra aangetroffen. — Natuurkd. Tijdschr. Nederl. Ind. **5**, S. 831—846, Batavia 1852.
— Over eenige erts en en mineralen, afkomstig van de Padangsche Bovenlanden. — Natuurkd. Tijdschr. Nederl. Ind. **5**, S. 269—274, Batavia 1853.
Musper, K. A. F. R., Beknopt verslag over uitkomsten van nieuwe geologische onderzoekingen in de Padangsche Bovenlanden. — Jb. Mijnw. Nederl. Oost-Ind. **58** (1929), S. 265—331, Batavia 1930.
Osberger, R., Die Geologie des Sibumbungebirges. — Aufnahmebericht Archiv Geol. Dienst Bandung, Februar 1954.
— Pyrometasomatische Eisenerz- und pneumatolytisch-hydrothermale Kupfererzvorkommen im Padanger Oberland. — Bericht Archiv Geol. Dienst Bandung, Februar 1954.
Rittmann, A., Gesteine von Kelling und Manipa. — Geol. Petr. & Pal. Results expl. carried out from September 1917 till June 1919 isl. Ceram. 1 series Petrography 2, Amsterdam 1931.
Schelle, C. J. van, Over het voorkomen van ijzer- en kopererts bij het dorp Panjinggahan, XX Kotta's. — Jb. Mijnw. Nederl. Oost-Ind. **6** (1), S. 3—19, Amsterdam 1877.
Verbeek, R. D. M., Geologische beschrijving van het Siboemboengebergte. — Sumatra's Westkust Verslag No 6. — Jb. Mijnw. Nederl. Oost-Ind. **5**, S. 51—79, Amsterdam 1876.
— Topografische en geologische beschrijving van een gedeelte van Sumatra's Westkust. — 674 Seiten, Batavia 1883.
Wiessner, M. Th., Kopererts voorkomen in het brongebied van de Kali Soempahan. — Archiv Geol. Dienst Bandung 30/aa, 1931.
Zwierzycki, J., Geologische overzichtskaart van den Nederlandsch Oost-Indischen Archipel, schaal 1 : 1,000.000. Toelichting bij Blad VII (Tapanoeli, Sumatras Westkust, Sumatras Oostkust). — Jb. Mijnw. Nederl. Oost-Ind. **48** (1919), Verh. 1, S. 72—119, Batavia 1922.

Die in den Sitzungsberichten Abtlg. I und Abtlg. II a der math.-nat. Klasse der Österr. Ak. d. Wiss. erscheinenden Abhandlungen werden auch einzeln abgegeben. Sie können durch jede Buchhandlung oder direkt durch die Auslieferungsstelle der Österreichischen Akademie der Wissenschaften (Wien I, Singerstraße 12) bezogen werden.

Nachfolgende Abhandlungen aus dem Fache Botanik (Biologie) sind erschienen:

1950 (S I Bd. 159):

Cholnoky B. v. und Höfler K.: Vergleichende Vitalfärbungsversuche an Hochmooralgen (mit 23 Textabbildungen), 39 Seiten. S 29.40

1951 (S I Bd. 160):

Biebl R.: Bodentemperaturen unter verschiedenen Pflanzengesellschaften (mit 9 Textabbildungen), 19 Seiten. S 13.—
Fritz Anna: Veränderungen von Plasmaeigenschaften durch Vitalfarbstoffe, I. Prune pure, 99 Seiten. S 19.—
Kasy Rosemarie: Untersuchungen über Verschiedenheiten der Gewebeschichten krautiger Blütenpflanzen in Beziehung zu entwicklungsgeschichtlichen Befunden Hans Winklers an Pfropfbastarden (mit 2 Textabbildungen), 63 Seiten. S 29.—
Kopetzky-Rechtperg O.: Über eine Mißbildung der Alge Netrium digitus (Ehrenberg) Itzigs und Rothe (mit 1 Textabbildung), 5 Seiten. S 2.50
Krebs Ingeborg: Beiträge zur Kenntnis des Desmidiaceen-Protoplasten: I. Osmotische Werte. II. Plastidenkonsistenz (mit 3 Textabbildungen), 34 Seiten. S 20.—
Loub W.: Über die Resistenz verschiedener Algen gegen Vitalfarbstoffe (mit 4 Textabbildungen), 37 Seiten. S 20.—
Luhan Maria: Zur Wurzelanatomie unserer Alpenpflanzen: I. Primulaceae (mit 10 Textabbildungen), 26 Seiten. S 12.50
Stadelmann E.: Zur Messung der Stoffpermeabilität pflanzlicher Protoplasten: I. Die mathematische Ableitung eines Permeabilitätsmaßes für Anelektrolyte (mit 6 Textabbildungen), 26 Seiten. S 16.—
Weber E.: Physiologische Untersuchungen an Euglena olivacea. 23 Seiten. S 7.—

1952 (S I Bd. 161):

Cholnoky B. J. v.: Beobachtungen über die Plasmolyse: I. Die protoplasmatische Wirkung von NaCl-, NaOH- und HCl-Gemischen auf Delphinium-Blumenblattzellen (mit 7 Tafeln), 18 Seiten. S 12.90
Höfler K., w. M., und Loub W.: Algenökologische Exkursion ins Hochmoor auf der Gerlosplatte (mit 2 Textabbildungen), 21 Seiten. S 10.70
Kopetzky-Rechtperg O.: Artenliste von Desmidiales aus den österreichischen Alpen (mit 1 Textabbildung), 22 Seiten. S 9.40
Krebs Ingeborg: Beiträge zur Kenntnis des Desmidiaceen-Protoplasten: III. Permeabilität für Nichtleiter (mit 6 Textabbildungen), 37 Seiten. S 23.80
Küster E.: Beobachtungen über die Wirkungen des Ultraschalls auf lebende Pflanzenzellen, 13 Seiten. S 5.—
Luhan Maria: Zur Wurzelanatomie unserer Alpenpflanzen: II. Saxifragaceae und Rosaceae (mit 15 Textabbildungen), 38 Seiten. S 16.70
Stadelmann E.: Zur Messung der Stoffpermeabilität pflanzlicher Protoplasten, II. (mit 5 Textabbildungen), 35 Seiten. S 25.70
Toth-Ziegler Annemarie: Rot fluoreszierende Inhaltskörper bei Leguminosen (mit 22 Textabbildungen), 44 Seiten. S 22.40
Wawrik Friederike: Grundwasserstudie (mit 7 Textabbildungen), 20 Seiten. S 12.50
Wiesner Gertraud: Die Bedeutung der Lichtintensität für die Bildung von Moosgesellschaften im Gebiet von Lunz, 24 Seiten. S 10.80

1953 (S I Bd. 162):

Cholnoky B. J. v.: Beobachtungen über die Plasmolyse II. Zur Protoplasmatik der Staubblatthaarzellen von Tradescantia (mit 31 Textabbildungen). S 11.40
Cholnoky B. J. v. und Schindler H.: Die Diatomeengesellschaften der Ramsauer Torfmoore (mit 41 Textabbildungen). S 15.60
Hirn Ilse: Vitalfärbung von Diatomeen mit basischen Farbstoffen (mit 8 Textabbildungen) S 13.20
Huber Elfriede: Beitrag zur anatomischen Untersuchung der Antheren von Saintpaulia (mit 6 Textabbildungen). S 4.90
Lenk Ingeborg: Über die Plasmapermeabilität einer Spirogyra in verschiedenen Entwicklungsstadien und zu verschiedener Jahreszeit (mit 1 Textabbildung und 1 Tafel). S 20.—
Loub W.: Zur Algenflora der Lungauer Moore (mit 3 Textabbildungen). S 22.90
Wimmer Ch. und Höfler K.: Über die Eigenfluoreszenz lebender, absterbender und toter Florideenzellen (mit 3 Textabbildungen). S 9.60
Diskus A.: Vom Osmoseverhalten halophiler Euglenen vom Neusiedler See (mit 3 Tafeln). S 8.50

MIX
Papier aus verantwortungsvollen Quellen
Paper from responsible sources
FSC® C105338

If you have any concerns about our products,
you can contact us on
ProductSafety@springernature.com

In case Publisher is established outside the EU,
the EU authorized representative is:
**Springer Nature Customer Service Center GmbH
Europaplatz 3, 69115 Heidelberg, Germany**

Printed by Libri Plureos GmbH
in Hamburg, Germany